泛函分析

康淑瑰　主编
郭建敏　崔亚琼　郭彩霞　黄利忠　编

山西省特色专业建设项目
山西大同大学“一院一品”建设项目
山西省教学平台项目——专业改革课程建设专项

科学出版社
北京

内 容 简 介

本书是为数学类各专业本科生泛函分析课程编写的教材，在介绍泛函分析基本知识的同时，重视与经典分析、线性代数等课程之间的联系，让学生感受数学知识的产生和应用过程，注意数学思想方法的渗透、数学思维方式的训练和知识的更新. 全书共 5 章，分别介绍距离空间、赋范线性空间、内积空间、Banach 空间上的有界线性算子和 Hilbert 空间上的有界线性算子. 每章均配有习题.

本书需要读者具备高等数学和线性代数的基础知识，可作为数学与应用数学、信息与计算科学专业本科生以及工科研究生的教学用书，也可作为相关科研人员的参考书.

图书在版编目(CIP)数据

泛函分析/康淑瑰主编；郭建敏等编. —北京：科学出版社，2017. 1
ISBN 978-7-03-051478-3

Ⅰ. ①泛… Ⅱ. ①康… ②郭… Ⅲ. ①泛函分析-高等学校-教材
Ⅳ. ①O177

中国版本图书馆 CIP 数据核字 (2017) 第 000385 号

责任编辑：王 静／责任校对：张凤琴
责任印制：赵 博／封面设计：迷底书装

科学出版社出版
北京东黄城根北街 16 号
邮政编码：100717
http://www.sciencep.com
北京华宇信诺印刷有限公司印刷
科学出版社发行 各地新华书店经销
*
2017 年 1 月第 一 版 开本：720 × 1000 B5
2025 年 8 月第七次印刷 印张：9 1/2
字数：192 000
定价：29.00 元
(如有印装质量问题，我社负责调换)

前　言

19 世纪末, 分析数学出现了抽象化的趋势, 探求其中结论与方法的一般性和统一性是它的突出特点. 泛函分析是将数学中不同学科的某些对象之间相似的思想和方法, 加以归纳和总结, 建立一套对同种类型的对象进行统一处理的新理论.

作为现代数学的基础课之一, 泛函分析是从事数学理论研究和实际应用的科技工作者不可缺少的一门学科. 它将实数域上的基本理论推广到一般线性空间上, 综合运用分析、代数、几何的观点和方法研究数学问题. 通过这门课程的学习, 学生可清楚有限维空间与无穷维空间的区别和联系, 掌握运用代数、分析和拓扑知识研究问题的方法.

本书是全体编者在山西大同大学数学类专业长期任教过程中, 将各自的心得体会融合到专业知识中形成的, 凝聚了全体编者的心血. 编者在知识传授过程中, 注重相关课程之间联系的同时, 加强其中所蕴含的数学思想方法的介绍, 提高学生数学素养和思维能力. 全书共 5 章, 前 3 章介绍空间理论, 后两章介绍算子理论. 第 2 章由康淑瑰编写并完成全书的统筹工作, 第 1 章、第 3 章、第 4 章、第 5 章分别由郭建敏、郭彩霞、崔亚琼、黄利忠编写.

本书的完成得到山西省教学平台项目 —— 专业改革课程建设专项和山西省特色专业建设项目以及山西大同大学“一院一品”建设项目、教学名师项目支持, 也得到山西大同大学领导和教务处的支持, 我们在此一并表示感谢. 也感谢科学出版社工作人员为本书出版所付出的辛勤劳动. 我们会努力办好山西大同大学数学专业, 为中国教育事业做贡献. 使中国成为人才大国是我们的共同愿望, 让我们一起为之努力!

编者虽然尽了很大努力, 但由于水平所限, 加之数学教育的不断发展, 书中不足与疏漏是难免的. 我们真诚希望各位同行与读者提出宝贵意见, 使我们不断改进, 提高质量.

全体编者

2015 年 12 月于山西大同大学

目　录

前言
第 1 章　距离空间 ······ 1
1.1　距离空间的基本概念 ······ 1
1.1.1　距离空间的定义及例子 ······ 1
1.1.2　距离空间中的收敛性 ······ 7
1.1.3　距离空间上的映射 ······ 9
1.2　距离空间的点集 · 稠密性与可分性 ······ 10
1.2.1　几类特殊的点集 ······ 10
1.2.2　稠密性与可分性 ······ 13
1.3　距离空间的完备性 ······ 15
1.3.1　Cauchy 列与完备性 ······ 15
1.3.2　闭球套定理与 Baire 纲定理 ······ 20
1.3.3　距离空间的完备化 ······ 21
1.4　距离空间的列紧性与紧性 ······ 22
1.4.1　列紧集及紧集 ······ 22
1.4.2　列紧集与全有界集 ······ 23
1.4.3　紧集的性质 ······ 28
1.4.4　紧集上的连续映射 ······ 29
1.5　Banach 不动点定理 ······ 30
习题 1 ······ 36
第 2 章　赋范线性空间 ······ 39
2.1　赋范线性空间 ······ 39
2.1.1　线性空间 ······ 39
2.1.2　赋范线性空间的定义及基本性质 ······ 43
2.1.3　赋范线性空间的例子 ······ 45
2.2　Banach 空间 ······ 47
2.2.1　Banach 空间的定义及例子 ······ 47
2.2.2　Banach 空间的性质 ······ 49
2.2.3　积空间与商空间 ······ 50
2.3　具有基的 Banach 空间 ······ 52

2.3.1 具有基的 Banach 空间 ··· 52
2.3.2 有限维赋范线性空间 ··· 55
习题 2 ··· 59
第 3 章 内积空间 ··· 62
3.1 内积空间的基本概念与性质 ··· 62
3.1.1 内积空间的基本概念 ··· 62
3.1.2 内积空间的基本性质 ··· 65
3.2 Hilbert 空间中的正交分解定理 ··· 70
3.2.1 正交 ··· 70
3.2.2 变分引理 ··· 72
3.2.3 正交分解定理 ··· 73
3.3 正交系 ··· 74
3.3.1 内积空间中的规范正交系 ··· 74
3.3.2 Hilbert 空间中的规范正交系 ··· 77
3.3.3 Gram-Schmidt 正交化 ··· 79
3.4 Hilbert 空间的同构 ··· 80
习题 3 ··· 83
第 4 章 Banach 空间上的有界线性算子 ··· 85
4.1 有界线性算子 ··· 85
4.1.1 线性算子与线性泛函的定义 ··· 85
4.1.2 线性算子的连续性与有界性 ··· 86
4.1.3 有界线性算子空间 ··· 89
4.2 开映射定理 ··· 94
4.2.1 开映射定理 ··· 94
4.2.2 闭图像定理 ··· 97
4.3 共鸣定理 ··· 99
4.4 Hahn-Banach 延拓定理 ··· 102
4.5 共轭空间与共轭算子 ··· 105
4.5.1 共轭空间 ··· 106
4.5.2 共轭算子 ··· 109
4.6 弱收敛与弱*收敛 ··· 112
4.6.1 弱收敛 ··· 112
4.6.2 弱*收敛 ··· 114
4.7 紧线性算子 ··· 115
习题 4 ··· 118

第 5 章　Hilbert 空间上的有界线性算子 ······ 121
5.1　Hilbert 空间的自共轭性 ······ 121
5.2　Hilbert 空间上的共轭算子 ······ 122
5.2.1　共轭算子的概念与性质 ······ 123
5.2.2　自共轭算子 ······ 126
5.2.3　正规算子 ······ 128
5.2.4　酉算子 ······ 129
5.3　Hilbert 空间上的投影算子 ······ 132
5.4　正算子及其平方根 ······ 136
习题 5 ······ 139
参考书目 ······ 141

第 1 章　距 离 空 间

当一个集合被赋予某种结构, 我们称之为空间. 泛函分析的基础建立在集合的两种结构之上, 一种是拓扑 (本书体现为距离) 结构, 另一种是代数结构, 即线性结构. 距离空间是 n 维 Euclid 空间 $\mathbf{R}^n$ 的推广, 它把 Euclid 空间中两点间距离的数学本质抽象出来, 从而在更一般的集合上建立起抽象的距离空间理论. 它是泛函分析空间理论的重要组成之一, 为今后更复杂空间中一些类似问题的统一处理提供了基础.

1.1　距离空间的基本概念

数学分析主要研究 n 维 Euclid 空间及其上函数的分析性质. 当我们定义了 $\mathbf{R}^n$ 中的距离, 就可以在此基础上给出邻域、内点、聚点、开集、闭集、极限等基本概念, 更进一步可以研究连续性、有界性、敛散性、微分与积分等重要理论. 所以, "距离" 在数学分析中起着根本的作用. 现在, 我们把 "距离" 最基本的性质抽象化, 移植到一般的抽象集合上去, 从而给出距离空间的概念.

1.1.1　距离空间的定义及例子

定义 1.1.1　设 X 是非空集合, 如果按某一对应法则, 对于 X 中的任意两点 x, y, 有一个确定实数 $\rho(x,y)$ 与之对应, 且满足下列条件:

(i) **非负性**　$\rho(x,y) \geqslant 0$, $\rho(x,y)=0$ 当且仅当 $x=y$;

(ii) **对称性**　$\rho(x,y)=\rho(y,x)$;

(iii) **三角不等式**　$\rho(x,y) \leqslant \rho(x,z)+\rho(z,y)$, 其中 z 为 X 中的任意一点, 则称 $\rho(x,y)$ 是 x,y 之间的**距离**, 称 $X \times X$ 上的函数 $\rho=\rho(\cdot,\cdot)$ 为 X 上的一个**距离**, 并称 X 按 ρ 为**距离空间**或**度量空间**, 记为 (X,ρ). 在不引起混淆的情况下, 也可简称为距离空间 X.

其中条件 (i)~(iii) 通常称为距离三公理. 由 (iii) 易得 $|\rho(x,z)-\rho(y,z)| \leqslant \rho(x,y)$ 也成立.

若 A 是 X 的非空子集, 则 (A,ρ) 也是一距离空间, 称 A 是 X 的**子空间**.

在任意一个非空集合上, 我们都可以定义距离. 例如, 对于 X 中任意两点 x, y,

定义

$$\rho(x,y)=\begin{cases}1, & x\neq y,\\ 0, & x=y,\end{cases}$$

易证 (X,ρ) 是一个距离空间. 我们称之为**离散距离空间或平凡距离空间**.

下面介绍一些常用的距离空间.

例 1.1.1　n 维欧氏空间 $\mathbf{R}^n$.

对任意 $x=(\xi_1,\xi_2,\cdots,\xi_n)$, $y=(\eta_1,\eta_2,\cdots,\eta_n)\in\mathbf{R}^n$, 定义

$$\rho(x,y)=\left(\sum_{k=1}^{n}(\xi_k-\eta_k)^2\right)^{\frac{1}{2}}, \tag{1.1.1}$$

则 $(\mathbf{R}^n,\rho)$ 是一距离空间.

距离公理 (i) 与 (ii) 显然成立. 下面验证 (iii). 为此先证明 Cauchy 不等式

$$\left(\sum_{k=1}^{n}a_kb_k\right)^2\leqslant\sum_{k=1}^{n}a_k^2\sum_{k=1}^{n}b_k^2.$$

事实上, 任取实数 λ, 则

$$\sum_{k=1}^{n}(a_k+\lambda b_k)^2=\sum_{k=1}^{n}a_k^2+2\lambda\sum_{k=1}^{n}a_kb_k+\lambda^2\sum_{k=1}^{n}b_k^2\geqslant 0.$$

等式右端是关于 λ 的一个二次三项式, 于是它的判别式不大于 0, 即 Cauchy 不等式成立. 从而

$$\begin{aligned}\sum_{k=1}^{n}(a_k+b_k)^2&=\sum_{k=1}^{n}a_k^2+2\sum_{k=1}^{n}a_kb_k+\sum_{k=1}^{n}b_k^2\\&\leqslant\sum_{k=1}^{n}a_k^2+2\left[\left(\sum_{k=1}^{n}a_k^2\right)\left(\sum_{k=1}^{n}b_k^2\right)\right]^{\frac{1}{2}}+\sum_{k=1}^{n}b_k^2\\&=\left[\left(\sum_{k=1}^{n}a_k^2\right)^{\frac{1}{2}}+\left(\sum_{k=1}^{n}b_k^2\right)^{\frac{1}{2}}\right]^2.\end{aligned}$$

设 $x=(\xi_1,\xi_2,\cdots,\xi_n)$, $y=(\eta_1,\eta_2,\cdots,\eta_n)$, $z=(\zeta_1,\zeta_2,\cdots,\zeta_n)\in\mathbf{R}^n$, 在上式中令 $a_k=\xi_k-\zeta_k, b_k=\zeta_k-\eta_k$, 则

$$\left[\sum_{k=1}^{n}(\xi_k-\eta_k)^2\right]^{\frac{1}{2}}\leqslant\left[\sum_{k=1}^{n}(\xi_k-\zeta_k)^2\right]^{\frac{1}{2}}+\left[\sum_{k=1}^{n}(\zeta_k-\eta_k)^2\right]^{\frac{1}{2}},$$

即

$$\rho(x,y)\leqslant\rho(x,z)+\rho(z,y).$$

所以 $(\mathbf{R}^n,\rho)$ 是一个距离空间.

类似于 $\mathbf{R}^n$, 我们也可以在 n 维复向量空间 $\mathbf{C}^n$ 中, 定义距离

$$\rho(x,y)=\left(\sum_{k=1}^{n}|\xi_k-\eta_k|^2\right)^{\frac{1}{2}},$$

其中 $x=(\xi_1,\xi_2,\cdots,\xi_n)$, $y=(\eta_1,\eta_2,\cdots,\eta_n)\in\mathbf{C}^n$, 可以验证 $(\mathbf{C}^n,\rho)$ 也是一个距离空间.

同一个集合上定义距离的方式是不唯一的, 即在同一个集合中, 可以引进不同的距离使其成为不同的距离空间. 比如 $\mathbf{R}^n$ 中还常常有如下两种距离:

$$\rho_1(x,y)=\max_{1\leqslant k\leqslant n}|\xi_k-\eta_k|; \tag{1.1.1$'$}$$

$$\rho_2(x,y)=\sum_{k=1}^{n}|\xi_k-\eta_k|. \tag{1.1.1$''$}$$

尽管如此, 我们还是应当根据集合的特点适当地引进距离, 以充分反映这些特点. 比如在 $\mathbf{R}^n$ 中, 我们常用的还是欧氏距离.

例 1.1.2 空间 $C[a,b]$.

$C[a,b]$ 是指定义在 $[a,b]$ 上所有实 (或复) 连续函数构成的集合. $C[a,b]$ 中任意两个元素 x,y 之间的距离定义为

$$\rho(x,y)=\max_{t\in[a,b]}|x(t)-y(t)|, \tag{1.1.2}$$

则 $C[a,b]$ 按照 (1.1.2) 中定义的 ρ 是一个距离空间.

证 由于 $x(t)-y(t)$ 也是 $[a,b]$ 上的连续函数, 所以有最大值. 距离公理 (i) 与 (ii) 显然成立, 下面验证 (iii) 成立.

设 $x,\ y,\ z\in C[a,b]$, 则

$$\begin{aligned}|x(t)-y(t)|&\leqslant|x(t)-z(t)|+|z(t)-y(t)|\\&\leqslant\max_{t\in[a,b]}|x(t)-z(t)|+\max_{t\in[a,b]}|z(t)-y(t)|\\&=\rho(x,z)+\rho(z,y).\end{aligned}$$

因此

$$\rho(x,y)=\max_{t\in[a,b]}|x(t)-y(t)|\leqslant\rho(x,z)+\rho(z,y),$$

故 $C[a,b]$ 按 (1.1.2) 式的距离是一个距离空间.

例 1.1.3 空间 $L^p(E)(1 \leqslant p < \infty)$, 其中 $E \subset \mathbf{R}^n$ 为可测集.

$L^p(E)$ 表示定义在可测集 E 上所有 p 幂可积函数构成的集合, 其中任意两个几乎处处相等的函数视为同一元素. $L^p(E)$ 中任意两个元素 x, y 之间的距离定义为

$$\rho(x,y) = \left(\int_E |x(t) - y(t)|^p \mathrm{d}t \right)^{\frac{1}{p}}, \tag{1.1.3}$$

则 $L^p(E)$ 按照 (1.1.3) 定义的 ρ 是一个距离空间.

为了验证三角不等式, 需用到两个著名的不等式

$$\int_E |x(t)y(t)| \mathrm{d}t \leqslant \left(\int_E |x(t)|^p \mathrm{d}t \right)^{\frac{1}{p}} \left(\int_E |y(t)|^q \mathrm{d}t \right)^{\frac{1}{q}}, \tag{1.1.4}$$

其中 $x \in L^p(E)$, $y \in L^q(E)$, p, q 互为相伴数且 $1 < p, q < \infty$.

$$\left(\int_E |x(t) + y(t)|^p \mathrm{d}t \right)^{\frac{1}{p}} \leqslant \left(\int_E |x(t)|^p \mathrm{d}t \right)^{\frac{1}{p}} + \left(\int_E |y(t)|^p \mathrm{d}t \right)^{\frac{1}{p}}, \tag{1.1.5}$$

其中 $x, y \in L^p(E)$, $1 \leqslant p < \infty$. (1.1.4) 式称为 **Hölder 不等式**, (1.1.5) 式称为 **Minkowski 不等式**.

例 1.1.4 空间 $L^\infty(E)$.

如果存在可测集 E 的某个零测度子集 E_0, 使得可测函数 x 在集合 $E \setminus E_0$ 上有界, 则称函数 x 在 E 上是**本性有界**的. 可测集 E 上所有本性有界可测函数构成的集合记为 $L^\infty(E)$, 其中任意两个几乎处处相等的函数视为同一元素. $L^\infty(E)$ 中任意两个元素 x, y 之间的距离定义为

$$\begin{aligned} \rho(x,y) &= \inf_{\substack{mE_0=0 \\ E_0 \subset E}} \left\{ \sup_{t \in E \setminus E_0} |x(t) - y(t)| \right\} \\ &= \operatorname*{ess\,sup}_{t \in E} |x(t) - y(t)|, \end{aligned} \tag{1.1.6}$$

则 $L^\infty(E)$ 按照 (1.1.6) 式定义的 ρ 是一个距离空间.

证 只需证三角不等式成立. 设 $x, y, z \in L^\infty(E)$, 由下确界的定义, 对任意 $\varepsilon > 0$, 存在 E 的子集 E_1, E_2, $mE_1 = mE_2 = 0$, 使得

$$\sup_{t \in E \setminus E_1} |x(t) - z(t)| < \rho(x,z) + \frac{\varepsilon}{2},$$

$$\sup_{t \in E \setminus E_2} |z(t) - y(t)| < \rho(z,y) + \frac{\varepsilon}{2}.$$

注意到 $m(E_1\cup E_2)=0$, 则有

$$\begin{aligned}\rho(x,y)&\leqslant\sup_{t\in E\backslash(E_1\cup E_2)}|x(t)-y(t)|\\&\leqslant\sup_{t\in E\backslash(E_1\cup E_2)}|x(t)-z(t)|+\sup_{t\in E\backslash(E_1\cup E_2)}|z(t)-y(t)|\\&\leqslant\sup_{t\in E\backslash E_1}|x(t)-z(t)|+\sup_{t\in E\backslash E_2}|z(t)-y(t)|\\&<\rho(x,z)+\rho(z,y)+\varepsilon.\end{aligned}$$

由 ε 的任意性, 可得 $\rho(x,y)\leqslant\rho(x,z)+\rho(z,y)$. 因此 $L^\infty(E)$ 按照 (1.1.6) 中的 ρ 是一个距离空间.

与函数空间 $L^p(E)(1\leqslant p<\infty)$ 相对应的还有序列空间 $l^p(1\leqslant p<\infty)$.

例 1.1.5 空间 $l^p(1\leqslant p<\infty)$.

l^p 是由满足不等式 $\sum\limits_{n=1}^{\infty}|\xi_n|^p<\infty$ 的实 (或复) 数列 $x=\{\xi_1,\xi_2,\cdots,\xi_n,\cdots\}$ 构成的集合. 任取 l^p 中两个元素 $x=\{\xi_1,\xi_2,\cdots,\xi_n,\cdots\}$ 及 $y=\{\eta_1,\eta_2,\cdots,\eta_n,\cdots\}$, 定义距离

$$\rho(x,y)=\left(\sum_{n=1}^{\infty}|\xi_n-\eta_n|^p\right)^{\frac{1}{p}},\tag{1.1.7}$$

则 $l^p(1\leqslant p<\infty)$ 按照 (1.1.7) 式定义的 ρ 是一个距离空间.

与空间 $L^p(E)(1\leqslant p<\infty)$ 类似, 三角不等式的验证要用到下列离散形式的 **Hölder 不等式和 Minkowski 不等式**.

$$\sum_{n=1}^{\infty}|\xi_n\eta_n|\leqslant\left(\sum_{n=1}^{\infty}|\xi_n|^p\right)^{\frac{1}{p}}\left(\sum_{n=1}^{\infty}|\eta_n|^q\right)^{\frac{1}{q}},\tag{1.1.8}$$

其中 $x=\{\xi_1,\xi_2,\cdots,\xi_n,\cdots\}\in l^p$, $y=\{\eta_1,\eta_2,\cdots,\eta_n,\cdots\}\in l^q$, p,q 互为相伴数且满足 $1<p,q<\infty$.

$$\left(\sum_{n=1}^{\infty}|\xi_n+\eta_n|^p\right)^{\frac{1}{p}}\leqslant\left(\sum_{n=1}^{\infty}|\xi_n|^p\right)^{\frac{1}{p}}+\left(\sum_{n=1}^{\infty}|\eta_n|^p\right)^{\frac{1}{p}},\tag{1.1.9}$$

其中 $x=\{\xi_1,\xi_2,\cdots,\xi_n,\cdots\}\in l^p$, $y=\{\eta_1,\eta_2,\cdots,\eta_n,\cdots\}\in l^p$, $1\leqslant p<\infty$.

例 1.1.6 空间 l^∞.

l^∞ 是由一切有界的实 (或复) 数列构成的集合. l^∞ 中任意两个元素 x, y 之间的距离定义为

$$\rho(x,y)=\sup_{1\leqslant n<\infty}|\xi_n-\eta_n|,\tag{1.1.10}$$

其中 $x=\{\xi_1,\xi_2,\cdots,\xi_n,\cdots\}$, $y=\{\eta_1,\eta_2,\cdots,\eta_n,\cdots\}$. 不难证明 (1.1.10) 中定义的 ρ 满足距离公理的全部条件, 因此 l^∞ 按照 (1.1.10) 式定义的距离 ρ 是一个距离空间.

例 1.1.7 空间 s.

s 是由一切实 (或复) 数序列 $\{\xi_1,\xi_2,\cdots,\xi_k,\cdots\}$ 构成的集合. s 中任何两个元素 x,y 之间的距离定义为

$$\rho(x,y)=\sum_{k=1}^{\infty}\frac{1}{2^k}\frac{|\xi_k-\eta_k|}{1+|\xi_k-\eta_k|}, \tag{1.1.11}$$

其中 $x=\{\xi_1,\xi_2,\cdots,\xi_k,\cdots\}$, $y=\{\eta_1,\eta_2,\cdots,\eta_k,\cdots\}$, 则 s 按照 (1.1.11) 定义的距离 ρ 是一个距离空间.

证 式 (1.1.11) 右边的 $\dfrac{1}{2^k}$ 是收敛因子, 保证级数收敛. 距离公理 (i), (ii) 显然成立. 为证三角不等式, 考虑 $[0,\infty)$ 上的函数 $f(t)=\dfrac{t}{1+t}$. 易见 $f'(t)=\dfrac{1}{(1+t)^2}>0$, 所以 $f(t)$ 是单增的. 由此设 $x=\{\xi_1,\xi_2,\cdots,\xi_k,\cdots\}$, $y=\{\eta_1,\eta_2,\cdots,\eta_k,\cdots\}$, $z=\{\zeta_1,\zeta_2,\cdots,\zeta_k,\cdots\}$, 由于

$$|\xi_k-\eta_k|\leqslant|\xi_k-\zeta_k|+|\eta_k-\zeta_k|,$$

则有

$$\begin{aligned}\frac{|\xi_k-\eta_k|}{1+|\xi_k-\eta_k|}&\leqslant\frac{|\xi_k-\zeta_k|+|\zeta_k-\eta_k|}{1+|\xi_k-\zeta_k|+|\zeta_k-\eta_k|}\\&=\frac{|\xi_k-\zeta_k|}{1+|\xi_k-\zeta_k|+|\zeta_k-\eta_k|}+\frac{|\zeta_k-\eta_k|}{1+|\xi_k-\zeta_k|+|\zeta_k-\eta_k|}\\&\leqslant\frac{|\xi_k-\zeta_k|}{1+|\xi_k-\zeta_k|}+\frac{|\zeta_k-\eta_k|}{1+|\zeta_k-\eta_k|}.\end{aligned}$$

在不等式两边乘 $\dfrac{1}{2^k}$ 并求和, 则得

$$\begin{aligned}\rho(x,y)&=\sum_{k=1}^{\infty}\frac{1}{2^k}\frac{|\xi_k-\eta_k|}{1+|\xi_k-\eta_k|}\\&\leqslant\sum_{k=1}^{\infty}\frac{1}{2^k}\frac{|\xi_k-\zeta_k|}{1+|\xi_k-\zeta_k|}+\sum_{k=1}^{\infty}\frac{1}{2^k}\frac{|\zeta_k-\eta_k|}{1+|\eta_k-\zeta_k|}\\&=\rho(x,z)+\rho(y,z).\end{aligned}$$

因此 s 按照 (1.1.11) 中定义的距离 ρ 是一个距离空间.

1.1.2 距离空间中的收敛性

在非空集合中引入距离后, 与距离有关的概念就可以推广到一般的距离空间中, 收敛性是其中之一. 在学习收敛性质的过程中, 注意与数学分析中的相应结论作比较.

定义 1.1.2 设 $\{x_n\}(n=1,2,\cdots)$ 是距离空间 X 中的一个点列, x_0 是 X 中的一点. 若当 $n\to\infty$ 时, 有 $\rho(x_n,x_0)\to 0$, 则称点列 $\{x_n\}$ 收敛于 x_0, 记为

$$\lim_{n\to\infty} x_n = x_0 \quad \text{或} \quad \{x_n\}\to x_0\ (n\to\infty).$$

有时也简记为

$$x_n\to x_0,\quad n\to\infty,$$

称 x_0 为 $\{x_n\}$ 的**极限**.

定理 1.1.1 设 $\{x_n\}$ 为距离空间 X 中的一个收敛点列, 则下列性质成立:

(i) $\{x_n\}$ 的极限是唯一的;

(ii) 如果 x_0 是 $\{x_n\}$ 的极限, 那么 $\{x_n\}$ 的任一子列 $\{x_{n_k}\}$ 均收敛且以 x_0 为极限.

证 (i) 若 $\{x_n\}$ 的极限不唯一. 设 $x_n\to x_0$, 且 $x_n\to y_0(n\to\infty)$, 则对任意 $\varepsilon>0$, 存在自然数 N, 当 $n>N$ 时, 有

$$\rho(x_n,x_0)<\frac{\varepsilon}{2} \quad \text{且} \quad \rho(x_n,y_0)<\frac{\varepsilon}{2}.$$

由三角不等式, 当 $n>N$ 时, 得

$$\rho(x_0,y_0)\leqslant\rho(x_0,x_n)+\rho(x_n,y_0)<\varepsilon.$$

由 ε 的任意性知, $\rho(x_0,y_0)=0$, 故 $x_0=y_0$.

(ii) 设 $x_n\to x_0(n\to\infty)$, 即对任意 $\varepsilon>0$, 存在自然数 N, 当 $n>N$ 时,

$$\rho(x_n,x_0)<\varepsilon.$$

故当 $k>N$ 时, $n_k\geqslant k>N$, 则 $\rho(x_{n_k},x_0)<\varepsilon$, 即 $x_{n_k}\to x_0(k\to\infty)$.

我们看到, 在距离空间中极限的概念是通过距离来定义的. 值得注意的是, 同一个非空集合, 一般来说, 不同的距离所决定的收敛是不一样的. 例如, 在 $\mathbf{R}$ 中可以定义距离

$$\rho_1(x,y)=|x-y|,$$

也可以定义距离

$$\rho_2(x,y)=\begin{cases}0, & x=y,\\ 1, & x\neq y,\end{cases}$$

点列 $\left\{\frac{1}{n}\right\}$ 依 ρ_1 收敛于 0, 但在 ρ_2 下却不是收敛列.

如果在集合 X 上定义两种不同的距离 ρ_1 与 ρ_2, 它们所决定的收敛性相同, 我们就说 ρ_1 与 ρ_2 **等价**, 即得如下定义.

定义 1.1.3　称集合 X 上的两距离 ρ_1 与 ρ_2 是**等价**的, 若对于 X 中任一点列 $\{x_n\}$ 及点 $x_0 \in X$, $\rho_1(x_n, x_0) \to 0(n \to \infty)$ 的充要条件是 $\rho_2(x_n, x_0) \to 0(n \to \infty)$.

如果一个非空集合中定义了两个或两个以上的距离, 那么由它们导出的收敛可以等价也可以不等价. 当距离不等价时, 便得到本质上不同的两个或两个以上的距离空间.

下面考察几个具体的距离空间中收敛性的涵义.

对于 $\mathbf{R}^n$ 来说, 按 (1.1.1), (1.1.1)$'$ 及 (1.1.1)$''$ 定义的距离彼此等价, 且距离收敛都等价于按坐标分量收敛, 即 $\rho(x^{(m)}, x) \to 0$ 的充要条件是点列 $\{x^{(m)}\} = \{(\xi_1^{(m)}, \xi_2^{(m)}, \cdots, \xi_n^{(m)})\}$ 的每个坐标列 $\{\xi_k^{(m)}\}(m=1,2,\cdots)$ 收敛于 $x=(\xi_1, \xi_2, \cdots, \xi_n)$ 的相应坐标 $\xi_k(k = 1, 2, \cdots, n)$.

在空间 $C[a,b]$ 中, 若 $\rho(x_n, x_0) \to 0(n \to \infty)$, 即

$$\max_{a \leqslant t \leqslant b} |x_n(t) - x_0(t)| \to 0, \quad n \to \infty,$$

则对任意 $\varepsilon > 0$, 存在着仅与 ε 有关的 N, 使得当 $n > N$ 时, 对所有的 $t \in [a,b]$, 有

$$|x_n(t) - x_0(t)| \leqslant \max_{a \leqslant t \leqslant b} |x_n(t) - x_0(t)| < \varepsilon,$$

即函数列 $\{x_n(t)\}$ 在 $[a,b]$ 上一致收敛于函数 $x_0(t)$. 反之, 如果 $\{x_n(t)\}$ 在 $[a,b]$ 上一致收敛于 $x_0(t)$, 则 $\rho(x_n, x_0) \to 0(n \to \infty)$.

因此, $C[a,b]$ 中的点列按距离收敛等价于函数列在 $[a,b]$ 上一致收敛, 这种收敛在分析中有重要的作用.

在 $C[a,b]$ 中还可以定义其他的距离, 但相应的收敛未必与一致收敛等价. 由于 $[a,b]$ 上连续函数皆 Lebesgue 可积, 从而对 $C[a,b]$ 中任意两个元素 x, y, 可定义距离

$$\rho_1(x,y) = \int_{[a,b]} |x(t) - y(t)| \mathrm{d}t. \tag{1.1.12}$$

容易看出, $C[a,b]$ 按照 ρ_1 是一个距离空间而且是 $L[a,b]$ 的子空间. 在 $C[a,b]$ 中取函数列

$$x_n(t) = \left(\frac{t-a}{b-a}\right)^n, \quad t \in [a,b], \quad n = 1, 2, \cdots.$$

由 Lebesgue 控制收敛定理, $\{x_n\}$ 按照距离 ρ_1 收敛于 $C[a,b]$ 中的零元素. 但作为函数列, $\{x_n(\cdot)\}$ 在 $[a,b]$ 上显然不一致收敛于零. 因此在 $C[a,b]$ 中, 按照距离 ρ_1 导出的收敛概念不等价于函数列的一致收敛.

1.1.3 距离空间上的映射

为了更全面地认识距离空间, 还可以研究两个距离空间之间的映射, 其中以连续映射尤为重要, 这是连续函数概念在距离空间的推广.

定义 1.1.4 设 (X,ρ), (Y,ρ_1) 都是距离空间. 如果对任一 $x\in X$, 按照某个对应法则必有 Y 中唯一的 y 与之对应, 则称这个对应是一个**映射**. 映射常用记号 T 来表示, 据此有 $Tx=y$.

在泛函分析中, 习惯把映射 (特别是线性空间上的映射) 称为**算子**, 把值域为数集的算子称为**泛函**.

若对任意的 $x_1,x_2\in X$, 当 $x_1\neq x_2$ 时, $Tx_1\neq Tx_2$, 则称 T 是由距离空间 X 到距离空间 Y 的**单射**. 若 $T(X)=Y$, 则称 T 为**满射**. 既是单射又是满射的映射称为**双射或一一映射**. 此时对于任一 $y\in Y$, 必存在唯一的 $x\in X$, 使得

$$Tx=y. \tag{1.1.13}$$

因此通过 (1.1.13) 我们得到一个新的映射, 它将 y 映射成 x. 称这个映射为 T 的**逆映射**, 记为 T^{-1}. 于是

$$T^{-1}y=x.$$

容易看出, 对任意 $x\in X$, 有 $T^{-1}(Tx)=x$; 对任意 $y\in Y$, 则有 $T(T^{-1}y)=y$. 当 T 存在逆映射时, 称 T 是**可逆的**.

定义 1.1.5 设映射 $T:X\to Y$, $A\subset X$. 称集合 $\{Tx:x\in A\}$ 为集合 A 的**像**, 记为 $T(A)$. 设 $B\subset Y$, 则称集合 $\{x:Tx\in B\}$ 为集合 B 的**原像**, 记为 $T^{-1}(B)$.

定义 1.1.6 设 (X,ρ), (Y,ρ_1) 都是距离空间, $T:X\to Y$ 是一个映射, $x_0\in X$. 如果对任意 $\varepsilon>0$, 存在 $\delta>0$, 当 $\rho(x,x_0)<\delta$ 时, 有 $\rho_1(Tx,Tx_0)<\varepsilon$ 成立, 则称映射 T 在点 x_0 处**连续**. 如果映射 T 在 X 中的每一点处都连续, 则称 T 在 X 上**连续**, 且称 T 是**连续映射**.

定理 1.1.2 距离 $\rho(x,y)$ 是关于 x 和 y 的二元连续泛函, 即若 $x_n\to x_0, y_n\to y_0(n\to\infty)$, 则 $\rho(x_n,y_n)\to\rho(x_0,y_0)(n\to\infty)$.

证 由三角不等式得

$$\begin{aligned}\rho(x_n,y_n)&\leqslant\rho(x_n,x_0)+\rho(x_0,y_n)\\&\leqslant\rho(x_n,x_0)+\rho(x_0,y_0)+\rho(y_0,y_n),\end{aligned}$$

因此

$$\rho(x_n,y_n)-\rho(x_0,y_0)\leqslant\rho(x_n,x_0)+\rho(y_n,y_0).$$

同样地, 有

$$\rho(x_0,y_0)-\rho(x_n,y_n)\leqslant\rho(x_n,x_0)+\rho(y_n,y_0).$$

因而

$$|\rho(x_n,y_n)-\rho(x_0,y_0)|\leqslant\rho(x_n,x_0)+\rho(y_n,y_0),$$

所以 $\rho(x_n,y_n)\to\rho(x_0,y_0)(n\to\infty)$.

关于映射的连续性, 有以下的等价说法.

定理 1.1.3　设 $T:X\to Y$, 则 T 在点 $x_0\in X$ 连续的充分必要条件是对任意收敛于 x_0 的点列 $\{x_n\}\subset X$, 有 $\{Tx_n\}$ 收敛于 Tx_0.

证　必要性　设 T 在点 x_0 处连续, 则对任意 $\varepsilon>0$, 存在 $\delta>0$, 使得当 $\rho(y,x_0)<\delta$ 时, $\rho_1(Ty,Tx_0)<\varepsilon$. 若 $\{x_n\}\subset X(n=1,2,\cdots)$ 收敛于 x_0, 则存在 $N>0$, 使得当 $n>N$ 时, $\rho(x_n,x_0)<\delta$. 因此当 $n>N$ 时, 有 $\rho_1(Tx_n,Tx_0)<\varepsilon$, 即 $\{Tx_n\}\to Tx_0$.

充分性　假设不然, 若 T 在 x_0 处不连续, 则存在 $\varepsilon_0>0$, 对每个 $n\in N$, 都有 $x_n\in X$, 使得 $\rho(x_n,x_0)<\dfrac{1}{n}$, 但 $\rho_1(Tx_n,Tx_0)\geqslant\varepsilon_0$. 即在 X 中 $x_n\to x_0$, 但在 Y 中 Tx_n 不收敛于 Tx_0, 这与已知矛盾. 所以 T 在点 x_0 处连续.

连续映射的两个重要特例是同胚映射及等距映射.

定义 1.1.7　设 (X,ρ), (Y,ρ_1) 都是距离空间, $T:X\to Y$ 是一个映射. 若 T 存在逆映射, 且 T 及其逆映射 T^{-1} 均连续, 则称 T 是 X 到 Y 上的**同胚映射**. 此时称 X 与 Y**同胚**.

设 T 是双映射, 且对任意的 $x,y\in X$, 有 $\rho_1(Tx,Ty)=\rho(x,y)$, 则称 T 是 X 到 Y 上的**等距映射**, 此时称 X 与 Y**等距**. 显然, 等距映射均为同胚映射.

如果仅限于讨论距离空间的性质, 这时空间是由什么元素组成的并不重要, 两个同胚或等距的距离空间没有本质的差别, 在很多情况下可视为同一.

例 1.1.8　$y=\arctan x$ 是 $\mathbf{R}$ 到 $\left(-\dfrac{\pi}{2},\dfrac{\pi}{2}\right)$ 上的同胚映射, 从而 $\mathbf{R}$ 与 $\left(-\dfrac{\pi}{2},\dfrac{\pi}{2}\right)$ 同胚. $y=\mathrm{e}^x$ 是 $\mathbf{R}$ 到 $(0,\infty)$ 上的同胚映射, 因此 $\mathbf{R}$ 与 $(0,\infty)$ 同胚.

1.2　距离空间的点集 · 稠密性与可分性

1.2.1　几类特殊的点集

为了进一步研究距离空间中极限、连续等概念, 有必要研究距离空间中的特殊点集. 这些概念在《数学分析》《复变函数》以及《实变函数》中都曾给出过, 现在把这些概念和结论相应地推广到一般的距离空间, 大多数定义的叙述和定理的证明, 几乎可以把前面的行文逐字逐句地移植过来, 而无须进行多大改变. 尽管如此, 由于一般距离函数的广泛性, 仍需仔细对待这里概念的拓广, 而且我们会发现, 在泛函分析中这些概念丰富得多, 也深刻得多.

定义 1.2.1 距离空间 X 中的点集

$$\{x:\rho(x,x_0)<r\},\quad r>0$$

称为以 x_0 为中心, 以 r 为半径的**开球**, 或称为 x_0 的一个**球形邻域**, 简称为**邻域**, 这里 x_0 是 X 中一个给定的点. 点集 $\{x:\rho(x,x_0)\leqslant r\}(r>0)$ 称为以 x_0 为中心, 以 r 为半径的**闭球**. 上述开球与闭球分别用 $S(x_0,r)$, $\overline{S}(x_0,r)$ 表示.

注 对同一个集合来说, 定义不同的距离, 得到一个点的邻域的几何直观是不同的. 比如在 $\mathbf{R}^2$ 中定义欧氏距离 $\rho(x,y)=\left(\sum\limits_{k=1}^{2}|\xi_k-\eta_k|^2\right)^{\frac{1}{2}}$, 邻域 $S\left(x_0,\dfrac{1}{3}\right)$ 表示一个开圆; 若定义 $\rho_1(x,y)=\max\limits_{1\leqslant k\leqslant 2}|\xi_k-\eta_k|$, $S\left(x_0,\dfrac{1}{3}\right)$ 是一个开的矩形; 若定义 $\rho_2(x,y)=\sum\limits_{k=1}^{2}|x_k-y_k|$, $S\left(x_0,\dfrac{1}{3}\right)$ 则是一个开的菱形; 而定义离散距离的话, $S\left(x_0,\dfrac{1}{3}\right)$ 就是 $\{x_0\}$.

定义 1.2.2 设 X 是距离空间, 集合 $G\subset X, x_0\in G$. 若存在 x_0 的某个邻域 $S(x_0,r)\subset G$, 则称 x_0 是 G 的**内点**; 由 G 的全部内点构成的集合记为 G^o, 称为 G 的**内部**. 如果 G 中的每一个点都是 G 的内点, 则称 G 为**开集**.

注 距离空间中每个开球 $S(x_0,r)(r>0)$ 是一个开集.

事实上, 对于任意 $x\in S(x_0,r)$, 则有 $\rho(x,x_0)<r$, 从而 $\varepsilon=r-\rho(x,x_0)>0$. 故对于任意 $x'\in S(x,\varepsilon)$, 即 $\rho(x',x)<\varepsilon$, 由三角不等式得

$$\rho(x',x_0)\leqslant\rho(x',x)+\rho(x,x_0)<r.$$

因此 $x'\in S(x_0,r)$, 从而 $S(x,\varepsilon)\subset S(x_0,r)$, 即 $S(x_0,r)$ 中的每一个点都是它的内点, 所以它是开集.

在一般的距离空间中, 也可得到关于开集的以下性质.

定理 1.2.1 设 X 是一距离空间, 则

(i) 空间 X 和空集 $\varnothing$ 都是开集;

(ii) 任意多个开集的并是开集;

(iii) 有限多个开集的交是开集.

注 设集合 X 的子集族 $\{B_\lambda:\lambda\in\Lambda\}$. 若 $X,\varnothing$ 属于此集族, 并且集族中的集合对于任意并与有限交运算封闭, 则称 $\{B_\lambda\}$ 为 X 上的拓扑, 称 X 是拓扑空间, 由定理 1.2.1 的结论表明, 距离空间中全部开集构成的集族是它的一个拓扑, 从而每个距离空间都是拓扑空间.

另外, 非有限多个开集的交未必是开集, 比如直线上的开集列 $G_n = \left(-\dfrac{1}{n}, \dfrac{1}{n}\right)$ $(n = 1, 2, \cdots)$, 满足 $\bigcap\limits_{n=1}^{\infty} G_n = \{0\}$.

定义 1.2.3　设 X 是距离空间, $A \subset X$, $x_0 \in X$. 若对任意 $\varepsilon > 0$, 邻域 $S(x_0, \varepsilon)$ 都包含 A 中点, 即

$$S(x_0, \varepsilon) \cap A \neq \varnothing,$$

则称 x_0 是 A 的**接触点**. 集 A 的接触点的全体称为 A 的**闭包**, 记作 $\bar{A}$.

若对任意 $\varepsilon > 0$, x_0 的任一邻域 $S(x_0, \varepsilon)$ 都含有 A 中异于 x_0 的点, 即

$$S(x_0, \varepsilon) \cap (A \backslash \{x_0\}) \neq \varnothing,$$

则称 x_0 是 A 的**聚点**. 集 A 的聚点的全体称为 A 的**导集**, **记作**A'.

如果点 $x_0 \in A$ 但不是 A 的聚点, 则称 x_0 为 A 的**孤立点**.

如果 $\bar{A} = A$, 则称 A 为**闭集**.

集合 A 的内点和孤立点必属于 A, 但聚点不一定属于 A. 易证 $\bar{A} = A \cup A'$.

注　在离散的距离空间 X 中, 每个点 x_0 都有邻域 $S(x_0, r)(r \leqslant 1)$ 只含有 x_0 本身, 从而 X 中的每一点既是它的内点也是它的孤立点, 可见内点和孤立点并不互斥, 因此 X 的每个子集都是既开且闭的集.

例 1.2.1　设 $A = \left\{1, \dfrac{1}{2}, \cdots, \dfrac{1}{n}, \cdots\right\}$, 距离为 $\rho(x, y) = |x - y|$, 则对于每个 $n \in \mathbf{N}$, $\dfrac{1}{n}$ 是 A 的孤立点, 0 是 A 的聚点, 但不属于 A, 从而 A 不是闭集.

下面给出闭包的基本特性.

定理 1.2.2　设 X 是距离空间, A, B 都是 X 的子集, 则

(i) $A \subset \overline{A}$;　　　(ii) $\overline{\overline{A}} = \overline{A}$;

(iii) $\overline{A \cup B} = \overline{A} \cup \overline{B}$;　　　(iv) $\overline{\varnothing} = \varnothing$.

证　(i) 与 (iv) 显然.

(ii) 由 (i) 显然有 $\overline{A} \subset \overline{\overline{A}}$. 设 $x_0 \in \overline{\overline{A}}$, 则对任意的 $\varepsilon > 0$, 开球 $S(x_0, \varepsilon)$ 中必含有 $\overline{A}$ 中的点. 任取一个这样的点, 记为 y_0. 令 $\delta = \varepsilon - \rho(x_0, y_0)$, 则 $\delta > 0$. 因 $y_0 \in \overline{A}$, 故开球 $S(y_0, \delta)$ 中含有 A 中的点. 对于任意 $x \in S(y_0, \delta)$, 有

$$\rho(x, x_0) \leqslant \rho(x, y_0) + \rho(y_0, x_0) < \varepsilon.$$

从而

$$S(y_0, \delta) \subset S(x_0, \varepsilon).$$

这说明任意邻域 $S(x_0, \varepsilon)$ 中含有 A 中的点, 即 $x_0 \in \overline{A}$. 因此 $\overline{A} \supset \overline{\overline{A}}$, 故 $\overline{A} = \overline{\overline{A}}$.

(iii) 由于 $A \subset A \cup B$, 故 $\overline{A} \subset \overline{A \cup B}$. 同理 $\overline{B} \subset \overline{A \cup B}$, 于是 $\overline{A} \cup \overline{B} \subset \overline{A \cup B}$. 现在证明 $\overline{A \cup B} \subset \overline{A} \cup \overline{B}$. 设 $x_0 \in \overline{A \cup B}$, 于是对于任意 $\varepsilon > 0$, 有

$$S(x_0, \varepsilon) \cap (A \cup B) \neq \varnothing.$$

因此 $S(x_0, \varepsilon) \cap A$ 与 $S(x_0, \varepsilon) \cap B$ 至少有一个非空. 于是 x_0 或者属于 $\overline{A}$ 或者属于 $\overline{B}$, 从而 $x_0 \in \overline{A} \cup \overline{B}$. 这表明 $\overline{A \cup B} \subset \overline{A} \cup \overline{B}$, 因此 $\overline{A \cup B} = \overline{A} \cup \overline{B}$.

注 由定理 1.2.2(ii) 可知, 任意集合的闭包必为闭集, 它是包含集 A 的最小闭集.

此外, 还容易证明, $A \subset X$ 为闭集的充分必要条件是 $X \backslash A$ 为开集, 即开集与闭集具有对偶性. 由定理 1.2.1, 利用 De Morgan 公式可得闭集运算的封闭性.

定理 1.2.3 设 X 是距离空间, 则

(i) 空间 X 和空集都是闭集;

(ii) 任意多个闭集的交是闭集;

(iii) 有限个闭集的并是闭集.

非有限多个闭集的并也未必是闭集, 比如直线上的闭集列 $F_n = \left[\frac{1}{n}, 1\right] (n = 1, 2, \cdots)$, 满足 $\bigcup\limits_{n=1}^{\infty} F_n = (0, 1]$.

借助于开集和闭集, 我们可以得到连续映射的另一个等价说法.

例 1.2.2 (i) $T: X \to Y$ 是连续映射的充要条件是 Y 中的任一开集 G 的原像 $T^{-1}(G)$ 是 X 中的开集;

(ii) $T: X \to Y$ 是连续映射的充要条件是 Y 中的任一闭集 F 的原像 $T^{-1}(F)$ 是 X 中的闭集.

证明留给读者作练习.

这样对于 $\mathbf{R}$ 上的连续函数 f, 我们可以很容易地判定集合

$$R(f < a) = f^{-1}((-\infty, a))$$

为开集,

$$R(f \geqslant a) = f^{-1}([a, +\infty))$$

为闭集.

1.2.2 稠密性与可分性

定义 1.2.4 设 A, B 均为距离空间 X 的子集, 如果 $\overline{B} \supset A$, 则称 B 在 A 中**稠密**. 特别地, 如果 $A = X$, 此时称 B 为 X 的一个**稠密子集**.

在稠密性定义中, 并不要求 $B \subset A$, B 与 A 甚至可以没有公共点. 例如, 有理数集在无理数集中稠密, 但二者交集为空集.

显然 B 是 X 的一个稠密子集当且仅当 $\overline{B}=X$, 这等价于对任意 $x\in X$, 任意 $\varepsilon>0$, 有 $S(x,\varepsilon)\cap B\neq\varnothing$, 即对任意 $\varepsilon>0$, 存在 $y\in B$, 使得 $\rho(x,y)<\varepsilon$. 也等价于对任意 $x\in X$, 存在 B 中点列 $\{x_n\}$, 使得 $\{x_n\}$ 收敛于 x.

定义 1.2.5　设 X 是距离空间, 若 X 存在可列的稠密子集, 则称 X 是**可分**的.

我们知道, 在数直线 $\mathbf{R}$ 上, 有理数集是一个可列的稠密子集. 这一性质在分析学的许多问题中是十分重要的, 可分距离空间实际上是这一性质的推广. 很多时候, 我们可以将可分距离空间中可列稠密子集的性质, 通过取极限的方式推广到整个空间.

例 1.2.3　欧氏空间 $\mathbf{R}^n$ 是可分的.

因为 $\mathbf{R}^n$ 中所有坐标为有理数的点集是 $\mathbf{R}^n$ 的一个可列子集, 且在 $\mathbf{R}^n$ 中稠密.

例 1.2.4　$C[a,b]$ 空间是可分的.

对于 $[a,b]$ 上的连续函数 $x(t)$, 由 Weierstrass 逼近定理知, 对任意 $\varepsilon>0$, 存在实系数多项式 $p(t)$, 使得在 $[a,b]$ 上一致地成立

$$|p(t)-x(t)|<\varepsilon,$$

于是 $\rho(x,p)\leqslant\varepsilon$. 所以 $[a,b]$ 上的一切实系数多项式全体 $P[a,b]$ 在 $C[a,b]$ 中稠密. 而对于每个 $p(t)$, 可以用有理数为系数的多项式 $p_0(t)$ 一致逼近, 因而 $[a,b]$ 上有理系数多项式全体是 $C[a,b]$ 的一个可列稠密子集, 故 $C[a,b]$ 可分.

例 1.2.5　离散距离空间 X 可分的充要条件为 X 是可列集.

事实上, 在 X 中没有稠密真子集, 所以 X 中唯一的稠密子集只有 X 本身.

下面给出一个不可分空间的例子.

例 1.2.6　l^∞ 是不可分的距离空间.

证　设 A 表示 l^∞ 中坐标 ξ_i 取值为 0 或 1 的点 $x=\{\xi_1,\xi_2,\cdots\}$ 的全体, 则 A 与二进制小数全体对等. 所以 A 是一个基数为 c 的不可列集, 且对于 A 中任意两个不同的点 x,y, 有

$$\rho(x,y)\equiv 1.$$

如果 l^∞ 可分, 则 l^∞ 中存在可列稠密子集, 设为 $B=\{y_1,y_2,\cdots,y_n,\cdots\}$. 对 A 中每个点 x, 作球 $S\left(x,\dfrac{1}{3}\right)$, 则 $\left\{S\left(x,\dfrac{1}{3}\right):x\in A\right\}$ 是一族两两不相交的球, 总数有不可列多个. 但由于 B 在 l^∞ 中稠密, 所以每个 $S\left(x,\dfrac{1}{3}\right)$ 中至少含有 $\{y_1,y_2,\cdots,y_n,\cdots\}$ 中一点, 这与 B 是可列集矛盾, 故 l^∞ 不可分.

常见的距离空间中, 例如, 空间 $L^p(E)(1 \leqslant p < \infty)$ 及 $l^p(1 \leqslant p < \infty)$ 均为可分的距离空间, 而 $L^\infty(E)$ 却是不可分空间 (见习题 1 第 9 题).

1.3 距离空间的完备性

实数域 $\mathbf{R}$ 的完备性在数学分析中具有十分重要的作用, 刻画实数域完备性的 Cauchy 收敛准则及与其等价的五个命题, 是建立严格极限理论的基础. 距离空间的完备性是实数域 $\mathbf{R}$ 完备性的抽象和推广, 在泛函分析中具有同样重要的作用.

1.3.1 Cauchy 列与完备性

定义 1.3.1 距离空间 X 中的点列 $\{x_n\}$ 称为 **Cauchy 列**或**基本列**, 是指对任意 $\varepsilon > 0$, 存在 $N > 0$, 使得当 $m, n > N$ 时, $\rho(x_m, x_n) < \varepsilon$. 如果 X 中的任一 Cauchy 列均收敛于 X 中一点, 则称 X 是**完备的距离空间**.

类似于数学分析中的证明, 很容易得到以下结论.

定理 1.3.1 距离空间中的基本列具有下列性质:

(i) 基本列必有界;

(ii) 收敛点列必是基本列, 反之不然;

(iii) 若基本列 $\{x_n\}$ 存在子列 $\{x_{n_k}\}$ 收敛于 X 中的一点 x_0, 那么 $\{x_n\}$ 也收敛于 x_0.

对于 (iii), 若 $\{x_n\}$ 是基本列, 则对于任意 $\varepsilon > 0$, 存在 $N > 0$, 当 $m, n \geqslant N$ 时, 满足 $\rho(x_n, x_m) < \dfrac{\varepsilon}{2}$. 由 $x_{n_k} \to x_0$, 可取 k 充分大, 使得 $n_k \geqslant N$, 而且 $\rho(x_{n_k}, x_0) < \dfrac{\varepsilon}{2}$. 从而当 $n > N$ 时, 有

$$\rho(x_n, x_0) \leqslant \rho(x_n, x_{n_k}) + \rho(x_{n_k}, x_0) < \varepsilon,$$

即 $x_n \to x_0(n \to \infty)$.

例 1.3.1 有理数集 $\mathbf{Q}$ 按照距离 $\rho(x,y) = |x-y|$ 是距离空间, 有理数列 $\left\{\left(1+\dfrac{1}{n}\right)^n\right\}$ 是其中的基本列, 但在 $\mathbf{Q}$ 中不收敛. 这说明尽管 $(\mathbf{R}, \rho)$ 完备, $(\mathbf{Q}, \rho)$ 却是不完备的距离空间.

事实上, 我们有以下结论.

定理 1.3.2 设 (X, ρ) 是完备的距离空间, $M \subset X$, 则 (M, ρ) 完备的充要条件是 M 是 X 的闭子集.

证 必要性 对于任意 $x_0 \in \bar{M}$, 必存在 M 中点列 $\{x_n\}$, 使得 $x_n \to x_0(n \to \infty)$. 由定理 1.3.1 中 (ii) 及 M 的完备性知 $\{x_n\}$ 收敛于 M 中一点. 根据极限的唯一性知 $x_0 \in M$. 从而 $\bar{M} \subset M$, 即 M 为 X 中闭集.

充分性　设 $\{x_n\}$ 是 M 中任一 Cauchy 列, 则它也是 X 中的 Cauchy 列. 由 X 的完备性知存在 $x_0 \in X$, 使得 $x_n \to x_0(n \to \infty)$. 再由 M 为闭子集, 可得 $x_0 \in M$, 故 (M, ρ) 完备.

下面研究 1.1 节中一些距离空间的完备性.

例 1.3.2　$\mathbf{R}^n$ 是完备的距离空间.

证　任取 $\mathbf{R}^n$ 中的 Cauchy 列 $\{x_m\}$, 其中 $x_m = (\xi_1^{(m)}, \xi_2^{(m)}, \cdots, \xi_n^{(m)})(m = 1,2,\cdots)$. 于是对任意 $\varepsilon > 0$, 存在 $N > 0$, 使得当 $i, j > N$ 时, $\rho(x_i, x_j) < \varepsilon$. 从而对每个 $k(k = 1, 2, \cdots, n)$, 当 $i, j > N$ 时, 有

$$|\xi_k^{(i)} - \xi_k^{(j)}| \leqslant \left[\sum_{k=1}^{n} (\xi_k^{(i)} - \xi_k^{(j)})^2\right]^{\frac{1}{2}} = \rho(x_i, x_j) < \varepsilon,$$

因此, 每个 $\{\xi_k^{(m)}\}(k = 1, 2, \cdots, n)$ 均为 $\mathbf{R}$ 中的 Cauchy 列. 由 $\mathbf{R}$ 的完备性知它们均有极限, 即当 $m \to \infty$ 时, $\xi_k^{(m)} \to \xi_k \in \mathbf{R}$, 其中 $k = 1, 2, \cdots, n$. 令 $x = (\xi_1, \xi_2, \cdots, \xi_n) \in \mathbf{R}^n$, 由 $\mathbf{R}^n$ 中距离收敛等价于按坐标收敛, 显然有 $\rho(x_m, x) \to 0(m \to \infty)$, 故 $\mathbf{R}^n$ 是完备的.

例 1.3.3　$C[a, b]$ 是完备的距离空间.

证　设 $\{x_n\}$ 是 $C[a, b]$ 中的 Cauchy 列, 则对任意 $\varepsilon > 0$, 存在 $N > 0$, 当 $m, n > N$ 时, 有

$$\rho(x_m, x_n) = \max_{a \leqslant t \leqslant b} |x_m(t) - x_n(t)| < \varepsilon.$$

进而对任意 $t \in [a, b]$, 有

$$|x_m(t) - x_n(t)| < \varepsilon, \tag{1.3.1}$$

即当 t 固定时, $\{x_n(t)\}$ 是 $\mathbf{R}$ 中 Cauchy 列, 故有极限 $x(t)$. 在 (1.3.1) 式中, 固定 n, 令 $m \to \infty$, 得

$$|x_n(t) - x(t)| \leqslant \varepsilon, \quad n \geqslant N.$$

这表示 $\{x_n\}$ 在 $[a, b]$ 上一致收敛于 x. 由 $C[a, b]$ 中依此距离收敛等价于一致收敛, 那么

$$\rho(x_n, x) \to 0, \quad n \to \infty.$$

根据分析中一致收敛的性质可知, $x(t)$ 是 $[a, b]$ 上的连续函数, 完备性得证.

例 1.3.4　空间 $l^p(1 \leqslant p < \infty)$ 是完备的距离空间.

证　设 $\{x_n\}$ 是 l^p 中任一基本列, 其中 $x_n = \{\xi_1^{(n)}, \xi_2^{(n)}, \cdots\}$, 则对任意 $\varepsilon > 0$, 存在 $N > 0$, 当 $m, n > N$ 时, 有

$$\rho(x_n, x_m) = \left(\sum_{k=1}^{\infty} |\xi_k^{(n)} - \xi_k^{(m)}|^p\right)^{\frac{1}{p}} < \varepsilon.$$

因此 $|\xi_k^{(n)}-\xi_k^{(m)}|<\varepsilon(m,n>N), k=1,2,\cdots$. 故对每个 k, $\{\xi_k^{(n)}\}$ 是 $\mathbf{R}$ 中的基本列. 从而存在 $\xi_k\in\mathbf{R}$, 使得 $\xi_k^{(n)}\to\xi_k(n\to\infty), k=1,2,\cdots$. 令 $x=\{\xi_1,\xi_2,\cdots\}$, 下面证明 $x_n\to x(n\to\infty)$, 且 $x\in l^p$.

首先, 对于任意自然数 i, 都有

$$\sum_{k=1}^{i}\left|\xi_k^{(n)}-\xi_k^{(m)}\right|^p<\varepsilon^p,\quad m,n>N.$$

固定 n, 令 $m\to\infty$ 得

$$\sum_{k=1}^{i}\left|\xi_k^{(n)}-\xi_k\right|^p<\varepsilon^p,\quad n>N.$$

再令 $i\to\infty$ 得

$$\sum_{k=1}^{\infty}\left|\xi_k^{(n)}-\xi_k\right|^p<\varepsilon^p,\quad n>N.$$

故 $x_n\to x(n\to\infty)$ 且 $x_n-x\in l^p$, 从而可得 $x\in l^p$. 完备性得证.

例 1.3.5 空间 S 是完备的距离空间.

定义在测度有限的可测集 F 上的一切几乎处处有限的可测函数构成的集记为 S. S 中凡几乎处处相等的元素视为同一元素. 在 S 中定义距离

$$\rho(x,y)=\int_F\frac{|x(t)-y(t)|}{1+|x(t)-y(t)|}\mathrm{d}t.$$

(1) S 是距离空间. 距离公理中的条件 (i), (ii) 都是显然的, 只需证三角不等式. 由于 $t>0$ 时, 函数 $f(t)=\dfrac{t}{1+t}$ 是增函数. 任取 S 中的元素 x,y,z, 按照 S 中的距离, 有

$$\begin{aligned}\rho(x,y)&=\int_F\frac{|x(t)-y(t)|}{1+|x(t)-y(t)|}\mathrm{d}t\\&\leqslant\int_F\frac{|x(t)-z(t)|+|z(t)-y(t)|}{1+|x(t)-z(t)|+|z(t)-y(t)|}\mathrm{d}t\\&\leqslant\int_F\frac{|x(t)-z(t)|}{1+|x(t)-z(t)|}\mathrm{d}t+\int_F\frac{|z(t)-y(t)|}{1+|z(t)-y(t)|}\mathrm{d}t\\&=\rho(x,y)+\rho(y,z).\end{aligned}$$

故 S 按照上面定义的距离是距离空间.

(2) 证明空间 S 中的距离收敛等价于依测度收敛.

必要性　设 $\rho(x_n, x) \to 0(n \to \infty)$, 对任给 $\sigma > 0$,

$$\begin{aligned}\rho(x_n, x) &= \int_F \frac{|x_n(t) - x(t)|}{1 + |x_n(t) - x(t)|}\mathrm{d}t \\ &\geqslant \int_{F(|x_n - x| \geqslant \sigma)} \frac{|x_n(t) - x(t)|}{1 + |x_n(t) - x(t)|}\mathrm{d}t \\ &\geqslant \frac{\sigma}{1+\sigma} mF(|x_n - x| \geqslant \sigma). \end{aligned} \tag{1.3.2}$$

令 $n \to \infty$, 可得 $mF(|x_n - x| \geqslant \sigma) \to 0$, 即 $\{x_n\}$ 依测度收敛 x.

充分性　设 $x_n(\cdot)$ 依测度收敛于几乎处处有限可测函数 $x(\cdot)$. 对任给 $\sigma > 0$, 有

$$\begin{aligned}\rho(x_n, x) &= \int_F \frac{|x_n(t) - x(t)|}{1 + |x_n(t) - x(t)|}\,\mathrm{d}t \\ &= \int_{F(|x_n - x| \geqslant \sigma)} \frac{|x_n(t) - x(t)|}{1 + |x_n(t) - x(t)|}\mathrm{d}t + \int_{F(|x_n - x| < \sigma)} \frac{|x_n(t) - x(t)|}{1 + |x_n(t) - x(t)|}\mathrm{d}t \\ &\leqslant mF(\,|x_n - x| \geqslant \sigma) + \frac{\sigma}{1+\sigma} mF(\,|x_n - x| < \sigma). \\ &\leqslant mF(|x_n - x| \geqslant \sigma) + \frac{\sigma}{1+\sigma} mF. \end{aligned} \tag{1.3.3}$$

对任意 $\varepsilon > 0$, 存在 $\sigma > 0$, 使得 $\dfrac{\sigma}{1+\sigma} mF < \dfrac{\varepsilon}{2}$. 由依测度收敛知, 对于 σ, 存在正数 N, 使得当 $n > N$ 时, $mF(\,|x_n - x| \geqslant \sigma) < \dfrac{\varepsilon}{2}$, 则由 (1.3.3) 式知

$$\rho(x_n, x) \to 0, \quad n \to \infty.$$

(3) 证明 S 的完备性.

设 $\{x_n\}$ 是 S 中的 Cauchy 列, 由 (1.3.2) 可知, 对任意 $\varepsilon > 0$, 存在 $N > 0$, 当 $n, m > N$ 时, 有

$$mF(\,|x_n - x_m| \geqslant \sigma) < \varepsilon \frac{1+\sigma}{\sigma}.$$

这说明 $\{x_n\}$ 是依测度基本序列, 由实变函数中的结论可知, 存在可测函数 x, 使得 $\{x_n\}$ 依测度收敛于 x. 由 (2) 知 $\{x_n\}$ 距离收敛于 x, 即

$$\rho(x_n, x) \to 0, \quad n \to \infty.$$

因此 $\{x_n\}$ 在 S 中收敛于 x, 表明 S 是完备的.

例 1.3.6　$C[0,1]$ 按照距离

$$\rho_1(x, y) = \int_{[0,1]} |x(t) - y(t)|\mathrm{d}t$$

构成的距离空间是不完备的.

证 令

$$x_n(t)=\begin{cases}0, & 0\leqslant t\leqslant \dfrac{1}{2}-\dfrac{1}{n},\\ \text{线性函数}, & \dfrac{1}{2}-\dfrac{1}{n}<t<\dfrac{1}{2}+\dfrac{1}{n},\\ 1, & \dfrac{1}{2}+\dfrac{1}{n}\leqslant t\leqslant 1,\end{cases}$$

那么, $\{x_n\}$ 是 $C[0,1]$ 中的一个点列. 再令

$$x(t)=\begin{cases}0, & 0\leqslant t<\dfrac{1}{2},\\ \dfrac{1}{2}, & t=\dfrac{1}{2},\\ 1, & \dfrac{1}{2}<t\leqslant 1,\end{cases}$$

则 $\displaystyle\int_{[0,1]}|x_n(t)-x(t)|\mathrm{d}t=\frac{1}{2n}\to 0\ (n\to\infty)$. 所以

$$\begin{aligned}\rho(x_n,x_m)&=\int_{[0,1]}|x_n(t)-x_m(t)|\mathrm{d}t\\ &\leqslant\int_{[0,1]}|x_n(t)-x(t)|\mathrm{d}t+\int_{[0,1]}|x_m(t)-x(t)|\mathrm{d}t\\ &=\frac{1}{2}\left(\frac{1}{m}+\frac{1}{n}\right)\to 0\quad (m,n\to\infty),\end{aligned}$$

即 $\{x_n\}$ 是一个 Cauchy 列. 现在假设存在 $[0,1]$ 上的连续函数 $y(t)$, 使得

$$\rho(x_n,y)\to 0,\quad n\to\infty,$$

则有三角不等式

$$\int_{[0,1]}|x(t)-y(t)|\mathrm{d}t\leqslant\int_{[0,1]}|x_n(t)-x(t)|\mathrm{d}t+\int_{[0,1]}|x_n(t)-y(t)|\mathrm{d}t.$$

上式右端, 当 $n\to\infty$ 时趋于 0. 因此, $\displaystyle\int_{[0,1]}|x(t)-y(t)|\mathrm{d}t=0$, 即在 $[0,1]$ 上 $x(t)$ 与 $y(t)$ 几乎处处相等. 然而 $x(t)-y(t)$ 除去 $t=\dfrac{1}{2}$ 外连续, 因此 $x(t)$ 与 $y(t)$ 只有在 $t=\dfrac{1}{2}$ 处不同. 所以当 $0\leqslant t<\dfrac{1}{2}$ 时, $y(t)=0$; 当 $\dfrac{1}{2}<t\leqslant 1$ 时, $y(t)=1$, 显然这与 $y(t)$ 连续相矛盾.

1.3.2 闭球套定理与 Baire 纲定理

在完备距离空间中要证明一个点列收敛, 只需证明它是 Cauchy 列, 而不必预先知道极限值. 同时, 完备性可以使得一些经典的分析理论在距离空间中得以延续. 比如, 在分析中的闭区间套定理是刻画实数域完备性的等价命题之一, 在一般的完备距离空间中, 可推广为下面的闭球套定理.

定理 1.3.3 设 X 是完备的距离空间, $K_n = \overline{S}(x_n, r_n)$ 是 X 中的一列闭球, 满足 $K_1 \supset K_2 \supset \cdots \supset K_n \supset \cdots$, 且半径 $r_n \to 0(n \to \infty)$, 则存在唯一的点 $x_0 \in \bigcap\limits_{n=1}^{\infty} K_n$.

证 考虑这些球的中心构成的点列 $\{x_n\}$. 对于任意 $n, m \in \mathbf{N}$, $m > n$ 有 $K_m \subset K_n$, 所以 $x_m \in K_n$, 于是 $\rho(x_m, x_n) < r_n$. 又当 $n \to \infty$ 时, $r_n \to 0$, 所以 $\rho(x_m, x_n) \to 0$, 从而 $\{x_n\}$ 是 X 中的 Cauchy 列. 由于 X 是完备的, 故存在 $x_0 \in X$, 使得 $x_n \to x_0$. 对任一 $n \in \mathbf{N}$, 由 $K_n \supset K_{n+1} \supset \cdots$ 知 $\{x_n, x_{n+1}, \cdots\} \subset K_n$. 再由 K_n 为闭集, 可知 $x_0 \in K_n$. 由 n 的任意性, 得 $x_0 \in \bigcap\limits_{n=1}^{\infty} K_n$.

若除去点 x_0 外, 点 y_0 也属于所有的球 K_n, 则对任意 $n \in \mathbf{N}$, 有

$$\rho(x_0, y_0) \leqslant \rho(x_0, x_n) + \rho(x_n, y_0) \leqslant 2r_n \to 0, \quad n \to \infty.$$

从而 $\rho(x_0, y_0) = 0$, 所以 $x_0 = y_0$.

定理 1.3.3 的逆定理也成立 (见习题 1 第 18 题), 从而闭球套定理也是一般距离空间完备性的等价刻画.

定义 1.3.2 设 X 是一距离空间, $A \subset X$. 如果 A 在 X 的任一非空开集中均不稠密, 则称 A 为**稀疏集**或**无处稠密集**.

容易证明 A 为稀疏集当且仅当 $\overline{A}$ 中没有内点.

定理 1.3.4 距离空间 X 的子集 A 为稀疏集的充分必要条件是对任一开球 $S(x_0, r)$, 存在另一个含于 $S(x_0, r)$ 中的开球 $S(y_0, r')$, 使得 $A \cap S(y_0, r') = \varnothing$.

证 **必要性** 设 A 为稀疏集, 则 A 在 $S(x_0, r)$ 中不稠密, 即 $S(x_0, r) \not\subset \overline{A}$. 于是存在 $y_0 \in S(x_0, r)$ 及开球 $S(y_0, r') \subset S(x_0, r)$, 使得 $S(y_0, r') \cap A = \varnothing$.

充分性 由已知条件可得, A 在任一非空开集中都不可能稠密, 因此 A 为稀疏集.

定义 1.3.3 如果 A 可以表示成至多可列个稀疏集的并, 则称 A 是**第一纲集**, 否则称为**第二纲集**.

注 在离散距离空间中, 任一单元素集 $\{x_0\}$ 是第二纲集. 这是因为开集 $S\left(x_0, \dfrac{1}{2}\right)$ 是第二纲集, 而 $\{x_0\} = S\left(x_0, \dfrac{1}{2}\right)$, 故结论成立.

定理 1.3.5 (Baire 纲定理) 完备的距离空间是第二纲集.

证 假设 X 是完备的距离空间, 但 X 是第一纲集, 即 X 可以表示成可列个稀疏集的并. 记 $X=\bigcup\limits_{n=1}^{\infty} F_n$, 其中 $F_n(n=1,2,\cdots)$ 均为稀疏集. 在 X 中任取一个闭球 $\overline{S}$, 由于 F_1 是稀疏集, 由定理 1.3.4, $\overline{S}$ 必包含一个半径小于 1 且不含 F_1 中点的闭球 $\overline{S}_1$. 又由于 F_2 是稀疏集, $\overline{S}_1$ 必包含一个半径小于 $\dfrac{1}{2}$ 且不含 F_2 中点的闭球 $\overline{S}_2$. 依此类推, 可得到闭球列 $\{\overline{S}_n\}$ 满足

$$\overline{S}_1\supset\overline{S}_2\supset\cdots\supset\overline{S}_n\supset\cdots,$$

其中 $\overline{S}_n$ 的半径小于 $\dfrac{1}{n}$, 且 $\overline{S}_n$ 中不含 $F_1,F_2,\cdots,F_n$ 中的点 $(n=1,2,\cdots)$. 另一方面, 由闭球套定理 1.3.3 知, 存在点 $x_0\in\bigcap\limits_{n=1}^{\infty}\overline{S}_n\subset X$. 从而对于每个 n, $x_0\notin F_n$, 有 $x_0\notin\bigcup\limits_{n=1}^{\infty}F_n$. 这与 $x_0\in X$ 矛盾, 故 X 是第二纲集.

推论 设 A 是完备距离空间 X 的非空子集, 若 A 是第一纲集, 则 A 的余集 A^{C} 是第二纲集.

证 假设 A^{C} 是第一纲集, 则 $X=A\cup A^{\mathrm{C}}$ 也是第一纲集, 这与 X 是第二纲集矛盾, 故 A^{C} 是第二纲集.

1.3.3 距离空间的完备化

距离空间既有完备的, 也有不完备的. 不完备的距离空间对于极限运算不封闭. 那么对于一个不完备的空间, 是否可以补充某些元素使之成为完备空间呢? 这种做法完全类似于将有理数集扩充为实数集, 设想在不完备的空间中添加一些点, 使得空间中原来不收敛的 Cauchy 列也具有极限, 从而将不完备的距离空间扩充为完备的.

对于距离空间 X, 如果存在完备的距离空间 $X'=(X',\rho')$, 使得 X 等距于 X' 的某个稠密子空间 W, 则称 X' 是 X 的**完备化空间**.

下面的定理说明完备化空间的存在性和唯一性问题.

定理 1.3.6 任一距离空间 X 都存在完备化空间, 且完备化空间在等距意义下是唯一的.

完备化定理的证明, 在一般的泛函分析教材中都可查阅到, 因篇幅关系, 本书在此略去.

例 1.3.7 有理数集 $\mathbf{Q}$ 的完备化空间是实数集 $\mathbf{R}$.

例 1.3.8 $[a,b]$ 上一切多项式 $P[a,b]$ 的完备化空间是 $C[a,b]$.

例 1.3.9 Riemann 可积函数空间 $R[a,b]$ 的完备化空间是 Lebesgue 可积函数空间 $L[a,b]$, 它揭示了 Riemann 积分扩充到 Lebesgue 积分的本质.

1.4　距离空间的列紧性与紧性

在数学分析中, Bolzano-Weierstrass 聚点定理也是刻画实数完备性的等价命题之一, 即 $\mathbf{R}^n$ 中任意一个有界无穷点列至少存在一个聚点. 从而任何有界集中的无穷点列必存在收敛子列, 特别当有界集是闭集时, 收敛子列的极限也属于此有界集. 但是在一般的距离空间中, 这些结论并不成立. 这是由于一般距离空间的结构, 比实数空间要复杂得多. 下面研究这些结论在距离空间中的推广.

1.4.1　列紧集及紧集

定义 1.4.1　距离空间 X 中的子集 A 称为**有界**的, 如果 A 可包含在 X 的某个闭球或开球内.

距离空间中的任意收敛点列、基本点列都是有界的.

事实上, 设 $\{x_n\}$ 是基本点列, 则对任意 $\varepsilon > 0$, 存在自然数 $N > 0$, 使得当 $m, n > N$ 时, 满足 $\rho(x_m, x_n) < \varepsilon$. 令 $\varepsilon = 1$, 则存在自然数 N, 使得 $x_n \in S(x_{N+1}, 1)\ (n > N)$. 取

$$r = \max\{1, \max\{\rho(x_1, x_{N+1}), \rho(x_2, x_{N+1}), \cdots, \rho(x_N, x_{N+1})\}\},$$

可得 $\{x_n\} \subset S(x_{N+1}, r)$, 所以 $\{x_n\}$ 有界.

定义 1.4.2　设 A 是距离空间 X 的子集, 若 A 中任一点列都存在收敛子列, 则称 A 为**列紧集**; 若 A 中任一点列都存在收敛于 A 中某一点的子列, 则称 A 为**紧集**.

列紧集与紧集的区别在于: 前者只要求极限属于空间 X, 后者则要求极限收敛于集合 A 本身. 当 X 是列紧集时, X 必为紧集, 此时称 X 是**紧空间**.

由定义不难看出:

(i) X 中任何有限集都是紧的;

(ii) X 中列紧集的子集是列紧的;

(iii) 紧集的闭子集都是紧的.

例 1.4.1　$\mathbf{R}$ 既非列紧空间, 也非紧空间.

这是因为 $\mathbf{R}$ 存在子集 $\{1, 2, \cdots, n, \cdots\}$ 不包含任何收敛子列. 但由聚点定理知, $\mathbf{R}$ 中任何有界集都是列紧的, 任一有界闭集还是紧的.

注　在一般的距离空间中, 有界集不一定是列紧集. 例如, $L^2[-\pi, \pi]$ 中的三角函数系

$$\left\{\frac{1}{\sqrt{2\pi}}, \frac{1}{\sqrt{\pi}}\cos t, \frac{1}{\sqrt{\pi}}\sin t, \cdots, \frac{1}{\sqrt{\pi}}\cos nt, \frac{1}{\sqrt{\pi}}\sin nt, \cdots\right\}$$

是有界的, 但是其中任意两个元素的距离

$$\rho(f,g)=\left(\int_{[-\pi,\pi]}|f(x)-g(x)|^2\mathrm{d}x\right)^{\frac{1}{2}}\equiv\sqrt{2}.$$

故不可能存在收敛子列, 因此不是列紧集.

1.4.2 列紧集与全有界集

在一般距离空间中, 与列紧集密切相关的是全有界集, 通过引入全有界集, 可以给出距离空间中列紧集的判别准则.

定义 1.4.3 设 A 是距离空间 X 的子集, 如果对于任意给定 $\varepsilon>0$, 存在自然数 $N(\varepsilon)$ 以及有限点集 $\{x_1,x_2,\cdots,x_N\}\subset X$, 使得

$$A\subset\bigcup_{k=1}^{N}S(x_k,\varepsilon),$$

即 A 可以被任意半径的有限多个开球覆盖, 则称 A 是**全有界的**. 有限点集 $\{x_1,x_2,\cdots,x_N\}$ 称为 A 的**有限ε-网**.

对于不同的 ε, 有限 ε-网的元素及个数均可能不同.

例 1.4.2 基本列必是全有界集.

证 若 $\{x_n\}$ 是距离空间 X 中的基本列, 则对于任意 $\varepsilon>0$, 存在自然数 N, 使得当 $n>N$ 时, $\rho(x_n,x_{N+1})<\varepsilon$. 从而 $\{x_1,x_2,\cdots,x_N,x_{N+1}\}$ 是 $\{x_n\}$ 的一个有限 ε-网, 故基本列 $\{x_n\}$ 是全有界的.

根据定义很容易得到以下结论:

(i) 有限集都是全有界的;

(ii) 全有界集的子集也是全有界集;

(iii) 设 A 为全有界集, 则对任意 $\varepsilon>0$, 总可以取 A 的一个有限子集作为 A 的有限 ε-网.

证 (i), (ii) 显然成立.

(iii) 若 A 全有界, 则对任意 $\varepsilon>0$, A 有有限 $\dfrac{\varepsilon}{2}$-网 $\{x_1,x_2,\cdots,x_{n_0}\}$, 其 $x_k\in X(k=1,2,\cdots,n_0)$. 不妨设对每个 $k=1,2,\cdots,n_0$, $A\cap S\left(x_k,\dfrac{\varepsilon}{2}\right)\neq\varnothing$, 否则, 若存在某个 k_0 使得 $A\cap S\left(x_{k_0},\dfrac{\varepsilon}{2}\right)=\varnothing$, 将点 x_{k_0} 去掉. 任取$y_k\in A\cap S\left(x_k,\dfrac{\varepsilon}{2}\right)(k=1,2,\cdots,n_0)$, 则 $y_k\in A$, 且 $\rho(y_k,x_k)<\dfrac{\varepsilon}{2}$. 这样对任意 $x\in A$, 一定存在某个 $x_{k_0}\in\{x_1,x_2,\cdots,x_{n_0}\}$ 使得 $\rho(x,x_{k_0})<\dfrac{\varepsilon}{2}$, 且存在 $y_{k_0}\in\{y_1,y_2,\cdots,y_{n_0}\}$ 使得

$y_{k_0} \in A \cap S\left(x_{k_0}, \dfrac{\varepsilon}{2}\right)$. 因此

$$\rho(x, y_{k_0}) \leqslant \rho(x, x_{k_0}) + \rho(x_{k_0}, y_{k_0}) < \varepsilon,$$

故 $\{y_1, y_2, \cdots, y_{n_0}\}$ 是包含在 A 中且为 A 的一个有限 ε-网.

定理 1.4.1　全有界集必有界且可分.

证　首先, 设 A 是距离空间 X 中的全有界集, $\{x_1, x_2, \cdots, x_{n_0}\}$ 是 A 的一个有限 1-网. 因此对任意 $x \in A$, 存在某个 $x_k (k = 1, 2, \cdots, n_0)$, 使得 $\rho(x, x_k) < 1$. 于是

$$\rho(x, x_{n_0}) \leqslant \rho(x, x_k) + \rho(x_k, x_{n_0}) < 1 + \max_{1 \leqslant k \leqslant n_0} \rho(x_k, x_{n_0}) = 1 + K,$$

其中 $K = \max\limits_{1 \leqslant k \leqslant n_0} \rho(x_k, x_{n_0})$, 且是有限数. 由定义 1.4.1 可知, A 有界.

其次, 假设 B_n 是 A 的有限 $\dfrac{1}{n}$-网, 且 $B_n \subset A (n \in \mathbf{N})$. 由于每个 B_n 都是有限集, 故 $B = \bigcup\limits_{n=1}^{\infty} B_n$ 是可列集. 下证 B 在 A 中稠密. 因为对于任意 $x \in A$, 存在 $x_n \in B_n \subset B$, 使得 $\rho(x, x_n) < \dfrac{1}{n} (n \in \mathbf{N})$, 所以点列 $\{x_n\}$ 收敛于 x. 由稠密的等价说法知, B 在 A 中稠密, 因此 A 可分.

下面定理说明在一般距离空间中全有界集与列紧集的关系.

定理 1.4.2　设 X 是距离空间, $A \subset X$, 则

(i) 若 A 是列紧集, 则 A 是全有界集;

(ii) 若 X 完备, 则当 A 是全有界集时, A 也是列紧集;

(iii) 在完备的距离空间中, 列紧集与全有界集是等价的.

证　(i) 设 A 是 X 中的列紧集, 如果 A 不是全有界的, 则必存在 $\varepsilon_0 > 0$, 使得 A 没有有限的 ε_0-网. 于是对于任意 $x_1 \in A$, 有 $A \not\subset S(x_1, \varepsilon_0)$, 否则 $\{x_1\}$ 为一个有限的 ε_0-网. 从而存在 $x_2 \in A \backslash S(x_1, \varepsilon_0)$, 满足 $x_2 \in A$ 且 $\rho(x_1, x_2) \geqslant \varepsilon_0$. 同理, $\{x_1, x_2\}$ 也不是有限的 ε_0-网, 所以存在 $x_3 \in A \backslash (S(x_1, \varepsilon_0) \cup S(x_2, \varepsilon_0))$, 使得 $\rho(x_k, x_3) \geqslant \varepsilon_0 (k = 1, 2)$. 一直继续下去, 可得到点列 $\{x_n\} \subset A$, 使得当 $m \neq n$ 时, $\rho(x_m, x_n) \geqslant \varepsilon_0$. 由于 $\{x_n\}$ 中任意两点的距离大于等于一个常数, 显然没有收敛的子列, 这与 A 是列紧集矛盾, 所以 A 是全有界的.

(ii) 设 X 是完备的距离空间, $A \subset X$ 全有界. 任取 A 中的点列 $\{x_n\}$, 若 $\{x_n\}$ 中只有有限个互不相同的元素, 则 $\{x_n\}$ 显然含有收敛的常驻子列. 因此可设 $\{x_n\}$ 中含有无穷多个互不相同的元素, 记这些互不相同的元素的集合为 B_0. 由于 A 全有界, 则 $B_0 \subset A$ 也是全有界的. 从而 B_0 中存在有限个以 $\varepsilon_1 = \dfrac{1}{2}$ 为半径的开球, 使得这些开球的并包含了 B_0. 于是在这些开球中, 至少有一个开球包含了 B_0 中无

限多个元素. 将这些元素构成的集合记为 B_1, 则 $B_1 \subset B_0$, 且直径 $d(B_1) \leqslant 1$. 又由于 $B_1 \subset A$ 是全有界的, 则 B_1 存在有限的 $\varepsilon_2 = \frac{1}{2^2}$-网, 从而存在半径为 $\frac{1}{2^2}$ 的开球包含 B_1 中的无穷多个点, 记为集合 B_2, 则子集 $B_2 \subset B_1$ 且直径 $d(B_2) \leqslant \frac{1}{2}$. 依此类推, 可得到集列 $\{B_k\}$ 使得

$$B_1 \supset B_2 \supset B_3 \supset \cdots \supset B_k \supset \cdots,$$

其中 $d(B_k) \leqslant \frac{1}{2^{k-1}}$, 每个 B_k 中均含有无穷多个元素, 而且每个 B_k 中的所有元素都是 $\{x_n\}$ 中的某些项. 于是可取 $\{x_n\}$ 中的某一项 x_{n_1}, 使得 $x_{n_1} \in B_1$. 同理, 可取 $\{x_n\}$ 中的某一项 x_{n_2}, 使得 $x_{n_2} \in B_2$, 且可设 $n_1 < n_2$. 依此类推, 可得到一子列 $\{x_{n_k}\}$ 使得 $x_{n_k} \in B_k$, 且对任意 $i, j \in N$, 若 $n_i > n_j$, 则 $x_{n_i} \in B_i \subset B_j$. 于是

$$\rho(x_{n_i}, x_{n_j}) \leqslant \frac{1}{2^{j-1}} \to 0, \quad j \to \infty,$$

所以 $\{x_{n_k}\}$ 是 Cauchy 列. 而 X 是完备的, 故存在 $x_0 \in X$ 使得 $x_{n_k} \to x_0$, 说明 A 是列紧的.

推论 1 距离空间中的列紧集是有界、可分的, 因此紧集也是有界、可分的.

因此，在 $\mathbf{R}^n$ 中有界集与列紧集、全有界集都是等价的, 有界闭集与紧集也是等价的. 但在一般的完备距离空间中, 列紧集只与全有界集是等价的.

实数空间中的聚点定理其实刻画的是有界集的列紧性, 它也是实数空间完备性的一个等价定理. 在一般的距离空间中这一结论并不成立, 但是我们可以得到以下结论.

推论 2 若距离空间 X 中任意一个全有界集都是列紧的, 则 X 完备.

事实上, X 中任意一个基本列一定是全有界集. 若全有界集列紧, 则基本列至少存在一个收敛子列, 从而基本列也是收敛的, 故 X 完备.

定理 1.4.3 设 X 是完备的距离空间, 则 $A \subset X$ 是列紧集的充要条件是对任给 $\varepsilon > 0$, A 有列紧的 ε-网.

证 **必要性** A 是自身的 ε-网.

充分性 若对任给 $\varepsilon > 0$, A 有列紧的 ε-网 B. 由于 B 列紧, 则 B 是全有界集, 从而 B 有有限的 ε-网 C. C 显然是 A 的一个有限 2ε-网, 则 A 是全有界的. 而 X 是完备的距离空间, 由定理 1.4.2 知, A 是列紧的.

在具体的距离空间中, 判定一个集合是否列紧有其特定的方法. 下面给出判定空间 $C[a,b]$ 中子集列紧的一个例子, 即著名的 Arzela-Ascoli 定理.

定理 1.4.4 集合 $A \subset C[a,b]$ 列紧的充要条件是

(i) A **一致有界**, 即存在 $M > 0$, 对任意 $x \in A$, 对所有 $t \in [a,b]$ 有 $|x(t)| \leqslant M$;

(ii) A **等度连续**, 即对任意 $\varepsilon>0$, 存在 $\delta=\delta(\varepsilon)>0$, 对任意 $t_1,t_2\in[a,b]$, 只要 $|t_1-t_2|<\delta$, 就有

$$|x(t_1)-x(t_2)|<\varepsilon$$

对于一切 $x\in A$ 成立.

证　必要性　设 A 是列紧集, 则由定理 1.4.2 的推论 1 知 A 有界, 即 (i) 成立.

另一方面, 对任意 $\varepsilon>0$, 由于 A 全有界, 故存在 A 的有限 $\dfrac{\varepsilon}{3}$-网 $\{x_j\}_{j=1}^{n_0}$. 即对任意 $x\in A$, 存在某个 $x_{j_0}(j_0\in\{1,\cdots,n_0\})$, 使得 $\rho(x,x_{j_0})<\dfrac{\varepsilon}{3}$. 故对于所有 $t\in[a,b]$, 有

$$|x(t)-x_{j_0}(t)|<\frac{\varepsilon}{3}.$$

又因为 $x_j\in C[a,b](j=1,2,\cdots,n_0)$, 必在 $[a,b]$ 上一致连续. 从而对上述的 ε, 存在 $\delta>0$, 对于 $t',t''\in[a,b]$, 只要 $|t'-t''|<\delta$, 就有

$$|x_j(t')-x_j(t'')|<\frac{\varepsilon}{3},\quad j=1,2,\cdots,n_0.$$

于是当 $|t'-t''|<\delta$ 时,

$$\begin{aligned}|x(t')-x(t'')|&\leqslant|x(t')-x_{j_0}(t')|+|x_{j_0}(t')-x_{j_0}(t'')|+|x_{j_0}(t'')-x(t'')|\\&<\frac{\varepsilon}{3}+\frac{\varepsilon}{3}+\frac{\varepsilon}{3}=\varepsilon.\end{aligned}$$

由 ε 的任意性, 且 δ 只依赖于 ε, 故 A 是等度连续的.

充分性　由于 $C[a,b]$ 是完备的, 故只需证明 A 是全有界的. 由等度连续的定义, 对任意 $\varepsilon>0$, 存在 $\delta>0$, 若 $t',t''\in[a,b]$, 且 $|t'-t''|<\delta$, 对任意 $x\in A$ 有

$$|x(t')-x(t'')|<\frac{\varepsilon}{3}.\tag{1.4.1}$$

取自然数 n, 使得 $\dfrac{b-a}{n}<\delta$, 将 $[a,b]$ 分成 n 等份, 分点为 $a=t_0<t_1<\cdots<t_n=b$. 若 t', t'' 同属于某个小区间 $[t_i,t_{i+1}]$, 不等式 (1.4.1) 便成立. 作 $\mathbf{R}^{n+1}$ 中的点集

$$\hat{A}=\{(x(t_0),x(t_1),\cdots,x(t_n)):x\in A\}.$$

由于 A 有界, 故 $\hat{A}$ 在 $\mathbf{R}^{n+1}$ 中也有界, 所以 $\hat{A}$ 在 $\mathbf{R}^{n+1}$ 中列紧. 于是在 $\mathbf{R}^{n+1}$ 中存在有限 $\dfrac{\varepsilon}{3}$-网, 记为 $\{(x_j(t_0),x_j(t_1),\cdots,x_j(t_n))\}_{j=1}^{k}=\hat{B}$. 对应于 $\hat{B}$ 中的有限集, 在 A 中有函数组成的有限子集 $B=\{x_1(\cdot),x_2(\cdot),\cdots,x_k(\cdot)\}$. 下证此有限集就是 A 的一个有限 ε-网.

任取 $x \in A$, 则

$$(x(t_0), x(t_1), \cdots, x(t_n)) \in \hat{A}.$$

因此存在 $j_0 : 1 \leqslant j_0 \leqslant k$, 使得

$$\rho(x, x_{j_0}) = \left(\sum_{i=0}^{n} |x(t_i) - x_{j_0}(t_i)|^2 \right)^{\frac{1}{2}} < \frac{\varepsilon}{3}.$$

从而对每个 i, 有

$$|x(t_i) - x_{j_0}(t_i)| < \frac{\varepsilon}{3}.$$

任取 $t \in [a,b]$, 则存在 $i \in \{0, 1, \cdots, n-1\}$, 使得 $t \in [t_i, t_{i+1}]$, 于是

$$\begin{aligned} |x(t) - x_{j_0}(t)| &\leqslant |x(t) - x(t_i)| + |x(t_i) - x_{j_0}(t_i)| + |x_{j_0}(t_i) - x_{j_0}(t)| \\ &< \frac{\varepsilon}{3} + \frac{\varepsilon}{3} + \frac{\varepsilon}{3} = \varepsilon, \end{aligned}$$

所以 $\rho(x, x_{j_0}) = \max\limits_{t \in [a,b]} |x(t) - x_{j_0}(t)| < \varepsilon$. 这说明 B 是 A 的 ε-网, 故 A 是列紧的.

在定理必要性证明中, 利用集合的全有界性, 将寻求无穷多个函数 "等度" 的 δ 问题, 转化为有限个函数 "等度" 的 δ 问题; 而充分性的证明巧妙地将函数空间 $C[a,b]$ 的问题转化到欧氏空间 $\mathbf{R}^{n+1}$ 中, 然后再返回到 $C[a,b]$ 中.

例 1.4.3 证明

$$A = \left\{ x_n : x_n(t) = \sin \frac{\pi t}{n}, n \in \mathbf{N} \right\}$$

是 $C[a,b]$ 中的列紧集, 其中 $\rho(x,y) = \max\limits_{t \in [a,b]} |x(t) - y(t)|$.

证 由于 $|x_n(t)| \leqslant 1$, 故 A 一致有界. 对任意 $\varepsilon > 0$, 取 $\delta = \dfrac{\varepsilon}{\pi}$, 则对任意 $x \in A$, $t_1, t_2 \in [0,1]$, 只要 $|t_1 - t_2| < \delta$, 就有

$$\begin{aligned} & |x_n(t_1) - x_n(t_2)| \\ = & \left| \sin \frac{\pi}{n} t_1 - \sin \frac{\pi}{n} t_2 \right| \\ = & \left| 2 \sin \frac{\pi}{2n}(t_1 - t_2) \cos \frac{\pi}{2n}(t_1 + t_2) \right| \\ \leqslant & \left| 2 \sin \frac{\pi}{2n}(t_1 - t_2) \right| \\ \leqslant & \frac{\pi}{n} |t_1 - t_2| \leqslant \pi |t_1 - t_2| < \varepsilon, \end{aligned}$$

故 A 是等度连续的. 根据 Arzela-Ascoli 定理知, A 是列紧集.

1.4.3 紧集的性质

定理 1.4.5 任一距离空间中的紧集本身是完备的距离空间, 特别地, 紧空间是完备的.

证 设 A 是 X 中的紧集, $\{x_n\} \subset A$ 是 Cauchy 列. 由于 A 是紧的, 于是存在 $x_0 \in A$ 及子列 $\{x_{n_k}\}$, 使得 $x_{n_k} \to x_0$. 因为 $\{x_n\}$ 是 Cauchy 列, 所以可得 $x_n \to x_0$, 故 A 是完备的.

可见紧性比完备性、闭性更强, 所以完备空间的闭球套定理在紧集上同样适用, 即有如下结论.

定理 1.4.6 设 $\{K_n\}$ 是距离空间 X 中的一非空紧集序列, 满足

$$K_1 \supset K_2 \supset \cdots \supset K_n \supset \cdots,$$

则它们的交 $\bigcap\limits_{n=1}^{\infty} K_n$ 非空.

证 由于 $\{K_n\}$ 非空, 任取 $x_n \in K_n (n \in \mathbf{N})$, 得到点列 $\{x_n\}$, 显然有 $\{x_n\} \subset K_1$. 由于 K_1 是紧的, 则点列 $\{x_n\}$ 存在子列 $\{x_{n_k}\}$ 收敛于 K_1 中一点 x_0. 对于任意 $n \in \mathbf{N}$, 当 $n_k \geqslant n$ 时, $x_{n_k} \in K_n$. 由于 K_n 是闭的, 故 $x_0 \in K_n$. 由 n 的任意性知, $x_0 \in \bigcap\limits_{n=1}^{\infty} K_n$.

我们知道, 刻画实数空间完备性的另一个等价命题是 E. Borel 有限覆盖定理. 此定理对一般距离空间中的有界闭集不再成立, 但却是刻画紧集的一个重要准则. 如果把 $\mathbf{R}$ 上的有界闭区间看成紧集, 则可以说 E. Borel 有限覆盖定理可由 $\mathbf{R}$ 推广到一般的距离空间.

定义 1.4.4 设X 为距离空间, $A \subset X$, $\{G_c\}_{c\in J}$ 是 X 中的一个开集族, 如果 $A \subset \bigcup\limits_{c\in J} G_c$, 则称 $\{G_c\}_{c\in J}$ 是 A 的**开覆盖**. 如果 J 是有限集, 则称 $\{G_c\}_{c\in J}$ 为 A 的**有限开覆盖**.

定理 1.4.7 (有限覆盖定理) 距离空间 X 的子集 A 为紧集的充要条件是从 A 的任一开覆盖 $\{G_c\}_{c\in J}$ 中必可选出一有限子覆盖.

证 **必要性** 设 A 是紧集, $A \subset \bigcup\limits_{c\in J} G_c$. 下证存在 $\varepsilon_0 > 0$, 使得对一切 $x \in A$, 开球 $S(x, \varepsilon_0)$ 必包含在某个开集 G_c 之中. 假设不然, 则对任意自然数 n, 存在 $x_n \in A$, 使得开球 $S\left(x_n, \dfrac{1}{2^n}\right)$ 不包含于任何 G_c 中. 注意到 A 是紧集, $\{x_n\}$ 存在收敛于 A 中某一点 x_0 的子列 $\{x_{n_k}\}$. 由于 $A \subset \bigcup\limits_{c\in J} G_c$, 所以存在 $c_0 \in J$, 使得 $x_0 \in G_{c_0}$. 因为 G_{c_0} 是开集, 从而 x_0 是它的内点. 于是可取充分大的 k, 使得

$S\left(x_{n_k},\dfrac{1}{2^{n_k}}\right)\subset G_{c_0}$, 这与假设矛盾. 因此确实存在 $\varepsilon_0>0$, 使得对一切 $x\in A$, 开球 $S(x,\varepsilon_0)$ 必包含在某个 G_c 中. 又 A 是紧集, 则 A 一定是全有界的. 故有有限的 ε_0-网, 记为 $\{x_1,x_2,\cdots,x_l\}$, 使得 $A\subset\bigcup\limits_{k=1}^{l}S(x_k,\varepsilon_0)$. 选取相应的 G_k, 使得 $S(x_k,\varepsilon_0)\subset G_k$, 从而 $A\subset\bigcup\limits_{k=1}^{l}G_k$.

充分性 假设 A 中存在点列 $\{x_n\}$ 在 A 中没有收敛子列, 则对任意 $y\in A$, 存在 $\delta_y>0$ 及自然数 n_y, 使得当 $n\geqslant n_y$ 时, 有 $x_n\notin S(y,\delta_y)$. 显然 $\{S(y,\delta_y):y\in A\}\supset A$, 于是 A 中存在有限个 y, 分别记为 $y_1,y_2,\cdots,y_l$, 使得 $A\subset\bigcup\limits_{j=1}^{l}S(y_j,\delta_{y_j})$. 另一方面, 当 $n\geqslant\max\{n_{y_1},n_{y_2},\cdots,n_{y_l}\}$ 时, $x_n\notin S(y_j,\delta_{y_j})(j=1,2,\cdots,l)$, 所以 $x_n\notin A$. 这与 $\{x_n\}\subset A$ 矛盾, 故点列 $\{x_n\}$ 一定存在收敛于 A 中的子列, 即 A 为紧集.

1.4.4 紧集上的连续映射

由紧集的特性, 可以将古典分析中有界闭区间上连续函数的几个性质推广到一般距离空间的紧集上.

定理 1.4.8 设 T 是由距离空间 (X,ρ) 到 (Y,ρ_1) 的连续映射, 则 T 将 X 中的紧集映射为 Y 中的紧集.

证 设 $A\subset X$ 且 A 是紧集, $\{y_n\}$ 是 $T(A)$ 中的任意点列, 则有 A 中的点列 $\{x_n\}$, 使得 $y_n=Tx_n(n=1,2,\cdots)$. 由于 A 是紧集, 故 $\{x_n\}$ 存在子列 $\{x_{n_k}\}$ 收敛于 A 中某一点 x_0. 又因为 T 在 x_0 连续, 故

$$\lim_{k\to\infty}y_{n_k}=\lim_{k\to\infty}Tx_{n_k}=Tx_0,$$

且 $Tx_0\in T(A)$. 所以 $T(A)$ 是紧集.

推论 1 设 (X,ρ) 是距离空间, $A\subset X$ 且 A 是紧集, T 是 A 到距离空间 (Y,ρ_1) 的连续映射, 则 T 在 A 上一致连续.

证 假设 T 不一致连续, 则存在 $\varepsilon_0>0$, 以及点列 $\{x_n\}$, $\{y_n\}\subset A$, 当 $\rho(x_n,y_n)\to 0$ 时, $\rho_1(Tx_n,Ty_n)\geqslant\varepsilon_0$. 因 A 是紧集, 故 $\{x_n\}$ 含有收敛于 A 中某一点 x_0 的子列 $\{x_{n_k}\}$, 即 $\rho(x_{n_k},x_0)\to 0$. 从而

$$\rho(y_{n_k},x_0)\leqslant\rho(y_{n_k},x_{n_k})+\rho(x_{n_k},x_0)\to 0,\quad k\to\infty.$$

故

$$\rho_1(Tx_{n_k},Ty_{n_k})\leqslant\rho_1(Tx_{n_k},Tx_0)+\rho_1(Ty_{n_k},Tx_0)\to 0,\quad k\to\infty.$$

这与 $\rho_1(Tx_n,Ty_n)\geqslant\varepsilon_0$ 相矛盾, 所以 T 在 A 上是一致连续的.

推论 2　设 X 是距离空间, A 是 X 中的紧集, f 是定义在 A 上的连续泛函, 则 f 在 A 上有界, 且当 f 取实值时, 可取到最大值、最小值.

证　由 A 是紧的, f 在 A 上连续, 根据定理 1.4.8 可知, $f(A)$ 是实数域 $\mathbf{R}$ 或复数域 $\mathbf{C}$ 中的紧集, 故 $f(A)$ 是有界闭集. 于是 f 有界且其上、下确界均属于 $f(A)$. 也就是说 f 取实值时, 可取到最大值、最小值.

推论 3　设 X 是距离空间, A 是 X 中的紧集, f 是定义在 A 上的一对一连续映射, 则 f 是同胚映射.

证　只需证明 f^{-1} 连续, 即证 f^{-1} 的逆映射 f 将闭子集映为闭子集, 从而由定理 1.4.8 得证.

1.5 Banach 不动点定理

在自然科学和工程技术中, 常常把解方程的问题转化为求某个映射的不动点问题, 并用逐次逼近法求出映射的不动点. 这是代数方程、微分方程、积分方程及计算数学中的一个很重要的方法. 比如牛顿求代数方程的根时, 采用的切线法就是这种方法. 后来, Picard 也用逐次逼近法求解常微分方程. Banach 在 1922 年用距离空间及压缩算子描述这个方法, 这就是本节要介绍的 Banach 不动点定理.

例如, 求微分方程

$$\frac{\mathrm{d}y}{\mathrm{d}x}=f(x,y(x)),$$

满足初值 $y|_{x_0}=y_0$ 的解, 等价于求解积分方程

$$y(x)=y_0+\int_{x_0}^{x}f(t,y(t))\,\mathrm{d}t.$$

这样, 我们可以根据 $f(x,y)$ 所满足的解析条件适当地选取一个距离空间, 并在这个空间中作映射

$$(T\varphi)(x)=y_0+\int_{x_0}^{x}f(t,\varphi(t))\,\mathrm{d}t,$$

则求解积分方程 (从而求解微分方程) 的问题, 就等价于求解空间中满足

$$T\varphi=\varphi$$

的元 φ 的问题, 这样的 φ 称为映射 T 的**不动点**.

定义 1.5.1　设 X 是距离空间, $T:X\to X$ 是一个映射. 若存在常数 θ, $0\leqslant\theta<1$ 使得

$$\rho(Tx,Ty)\leqslant\theta\rho(x,y),\quad x,y\in X,$$

则称 T 是 X 上的**压缩映射**.

显然, 压缩映射一定是连续映射.

定理 1.5.1 (Banach 压缩映射原理) 完备距离空间上的压缩映射具有唯一的不动点.

证 设 X 是完备的距离空间, $T: X \to X$ 是一个压缩映射. 任取 $x_0 \in X$, 逐次迭代可得到一点列 $\{x_n\}$, 即令

$$x_1 = Tx_0, \quad x_2 = Tx_1, \quad \cdots, \quad x_{n+1} = Tx_n, \quad \cdots.$$

下证 $\{x_n\}$ 是 X 中的 Cauchy 列. 由于

$$\begin{aligned}\rho(x_1, x_2) &= \rho(Tx_0, Tx_1) \leqslant \theta\rho(x_0, x_1) = \theta\rho(x_0, Tx_0);\\ \rho(x_2, x_3) &= \rho(Tx_1, Tx_2) \leqslant \theta\rho(x_1, x_2) \leqslant \theta^2\rho(x_0, Tx_0);\\ &\cdots\cdots\end{aligned}$$

一般地,

$$\rho(x_n, x_{n+1}) \leqslant \theta^n\rho(x_0, Tx_0), \quad n = 0, 1, 2, \cdots.$$

于是对于任意自然数 p, 有

$$\begin{aligned}\rho(x_n, x_{n+p}) &\leqslant \rho(x_n, x_{n+1}) + \rho(x_{n+1}, x_{n+2}) + \cdots + \rho(x_{n+p-1}, x_{n+p})\\ &\leqslant (\theta^n + \theta^{n+1} + \cdots + \theta^{n+p-1}) \cdot \rho(x_0, Tx_0)\\ &\leqslant \frac{\theta^n}{1-\theta} \cdot \rho(x_0, Tx_0). \end{aligned} \tag{1.5.1}$$

由于 $0 \leqslant \theta < 1$, 所以 $\{x_n\}$ 是 X 中的 Cauchy 列. 由于 X 完备, 故 $\{x_n\}$ 收敛于 X 中一点 $\bar{x}$. 因为 T 是连续映射, 故在 $x_{n+1} = Tx_n$ 中, 令 $n \to \infty$, 得到 $T\bar{x} = \bar{x}$, 即 $\bar{x}$ 是 T 的一个不动点.

再证唯一性. 设另有 $\bar{y} \in X$, 使得 $T\bar{y} = \bar{y}$, 则

$$\rho(\bar{x}, \bar{y}) = \rho(T\bar{x}, T\bar{y}) \leqslant \theta\rho(\bar{x}, \bar{y}).$$

而 $0 \leqslant \theta < 1$, 所以只能有 $\rho(\bar{x}, \bar{y}) = 0$, 即 $\bar{x} = \bar{y}$.

注 关于定理 1.5.1, 需注意以下几点:

(1) 压缩映射保证了迭代序列构成为基本列及不动点的唯一性, 定理中的 $0 \leqslant \theta < 1$ 不能放宽为 $0 \leqslant \theta \leqslant 1$.

例如, $X = [0, \infty)$, 对于任意 $x \in X$, 取 $Tx = x + \dfrac{1}{1+x}$, 则 T 显然不存在不动

点. 但是

$$\begin{aligned}\rho(Tx,Ty)&=\left|\left(x+\frac{1}{1+x}\right)-\left(y+\frac{1}{1+y}\right)\right|\\&=|x-y|\cdot\left|\frac{x+y+xy}{(1+x)(1+y)}\right|\\&<|x-y|=\rho(x,y)\end{aligned}$$

成立.

(2) 空间的完备性保证了迭代序列的收敛性, 完备性条件不可或缺.

例如, $X=(0,\infty)$, $Tx=\alpha x$, $0<\alpha<1$, 则 T 是压缩映射, 但在 X 中无不动点.

(3) 每一个 x_n 都是所求不动点的近似解. 为了求得这个近似解, 可以 X 中的任一点 x_0 作为最初的近似, 然后逐次迭代即可. 同时, 在 (1.5.1) 式中令 $p\to\infty$ 可得到近似解 x_n 与精确解 $\bar{x}$ 的**误差估计式**

$$\rho(x_n,\bar{x})\leqslant\frac{\theta^n}{1-\theta}\rho(x_0,Tx_0). \tag{1.5.2}$$

(4) 在误差估计式 (1.5.2) 中, 令 $n=0$, 可得

$$\rho(x_0,\bar{x})\leqslant\frac{1}{1-\theta}\rho(x_0,Tx_0)=\delta.$$

从而可得到精确解 $\bar{x}$ 的范围, 也称为**精度**.

例 1.5.1 试用不动点定理证明方程 $x^6+12x-11=0$ 在 $[0,1]$ 上有实根.

证 令$Tx=\dfrac{1}{12}(11-x^6)$, 则方程有解等价于 $T:[0,1]\to[0,1]$ 存在不动点 $x\in[0,1]$, 使得 $Tx=x$. 取 $X=[0,1]$, 令 $\rho(x,y)=|x-y|$, 则 (X,ρ) 完备. 对任意 $x,y\in X$, 有

$$\begin{aligned}\rho(Tx,Ty)&=|Tx-Ty|\\&=\left|\frac{1}{12}(11-x^6)-\frac{1}{12}(11-y^6)\right|\\&=\frac{1}{12}|(y^3-x^3)(y^3+x^3)|\\&=\frac{1}{12}|(y^3+x^3)(y^2+xy+x^2)(x-y)|\\&\leqslant\frac{1}{2}|x-y|.\end{aligned}$$

因此, T 是压缩映射. 由定理 1.5.1 知结论成立.

例 1.5.2 微分方程解的存在性与唯一性.

考察微分方程的初值问题

$$\begin{cases} \dfrac{\mathrm{d}y}{\mathrm{d}x} = f(x,y), \\ y|_{x_0} = y_0, \end{cases} \tag{1.5.3}$$

其中 $f(x,y)$ 在 $\mathbf{R}^2$ 上连续, 关于 y 满足 Lipschitz 条件

$$|f(x,y) - f(x,y')| \leqslant K|y-y'|,$$

其中 $K>0$ 为常数. 那么通过任一给定点 (x_0,y_0), 微分方程 (1.5.3) 有一条且只有一条积分曲线.

证 带有初值的微分方程 (1.5.3) 等价于积分方程

$$y(x) = y_0 + \int_{x_0}^{x} f(t,y(t))\,\mathrm{d}t.$$

取 $\delta>0$, 使得 $K\delta<1$. 在连续函数空间 $C[x_0-\delta,x_0+\delta]$ 上定义映射 T:

$$(Ty)(x) = y_0 + \int_{x_0}^{x} f(t,y(t))\,\mathrm{d}t, \quad x\in[x_0-\delta,x_0+\delta].$$

显然 T: $C[x_0-\delta,x_0+\delta]\to C[x_0-\delta,x_0+\delta]$, 且有

$$\begin{aligned} \rho(Ty_1,Ty_2) &= \max_{|x-x_0|\leqslant\delta}\left|\int_{x_0}^{x}[f(t,y_1(t))-f(t,y_2(t))]\,\mathrm{d}t\right| \\ &\leqslant \max_{|x-x_0|\leqslant\delta}\int_{x_0}^{x} K|y_1(t)-y_2(t)|\mathrm{d}t \\ &\leqslant K\max_{|x-x_0|\leqslant\delta}\int_{x_0}^{x}\max_{|t-x_0|\leqslant\delta}|y_1(t)-y_2(t)|\mathrm{d}t \\ &\leqslant K\delta\max_{|t-x_0|\leqslant\delta}|y_1(t)-y_2(t)| \\ &= K\delta\,\rho(y_1,y_2). \end{aligned}$$

由于 $K\delta<1$, 根据定理 1.5.1, 存在唯一的连续函数 $y_0(x)(x\in[x_0-\delta,x_0+\delta])$, 使得

$$y_0(x) = y_0 + \int_{x_0}^{x} f(t,y_0(t))\,\mathrm{d}t.$$

由这个等式可以看出, $y_0(x)$ 连续可微, 且 $y=y_0(x)$ 就是微分方程过 (x_0,y_0) 的积分曲线. 但此时 $x\in[x_0-\delta,x_0+\delta]$, 可考虑取初值 $y|_{x_0\pm\delta}=y_0(x_0\pm\delta)$, 从而将解延拓至 $[x_0-2\delta,\ x_0+2\delta]$ 上, 依此类推可将解延拓至整个实轴上.

例 1.5.3　积分方程解的存在性与唯一性.

设有线性积分方程

$$x(t)=f(t)+\lambda\int_{[a,b]}k(t,s)x(s)\,\mathrm{d}s, \tag{1.5.4}$$

其中 $f\in L^2[a,b]$ 为给定的函数, λ 为参数, 核 $k(t,s)$ 是定义在矩形区域 $a\leqslant t\leqslant b$, $a\leqslant s\leqslant b$ 内的可测函数, 满足

$$\int_{[a,b]}\int_{[a,b]}|k(t,s)|^2\mathrm{d}t\mathrm{d}s<+\infty,$$

那么当参数 $|\lambda|$ 充分小时, 方程 (1.5.4) 存在唯一的解 $x\in L^2[a,b]$.

证　令

$$(Tx)(t)=f(t)+\lambda\int_{[a,b]}k(t,s)x(s)\,\mathrm{d}s.$$

由

$$\begin{aligned}\int_{[a,b]}\left|\int_{[a,b]}k(t,s)x(s)\,\mathrm{d}s\right|^2\mathrm{d}t&\leqslant\int_{[a,b]}\left[\int_{[a,b]}|k(t,s)|^2\mathrm{d}s\int_{[a,b]}|x(s)|^2\mathrm{d}s\right]\mathrm{d}t\\&=\int_{[a,b]}\int_{[a,b]}|k(t,s)|^2\mathrm{d}s\mathrm{d}t\int_{[a,b]}|x(s)|^2\mathrm{d}s\end{aligned}$$

及 T 的定义可知, T 是由 $L^2[a,b]$ 到其自身的映射. 取 $|\lambda|$ 充分小, 使得

$$\theta=|\lambda|\left[\int_{[a,b]}\int_{[a,b]}|k(t,s)|^2\mathrm{d}s\mathrm{d}t\right]^{\frac{1}{2}}<1.$$

于是

$$\begin{aligned}\rho(Tx,Ty)&=|\lambda|\left(\int_{[a,b]}\left|\int_{[a,b]}k(t,s)(x(s)-y(s))\mathrm{d}s\right|^2\mathrm{d}t\right)^{\frac{1}{2}}\\&\leqslant|\lambda|\left(\int_{[a,b]}\int_{[a,b]}|k(t,s)|^2\mathrm{d}t\mathrm{d}s\right)^{\frac{1}{2}}\left(\int_{[a,b]}|x(s)-y(s)|^2\mathrm{d}s\right)^{\frac{1}{2}}\\&=|\lambda|\left(\int_{[a,b]}\int_{[a,b]}|k(t,s)|^2\mathrm{d}t\mathrm{d}s\right)^{\frac{1}{2}}\rho(x,y)\\&=\theta\rho(x,y),\end{aligned}$$

故 T 是压缩映射. 由定理 1.5.1 可知, 方程 (1.5.4) 在 $L^2[a,b]$ 中存在唯一的解.

对 $x\in X$, 记 $T^2x=T(Tx)$. 依此类推, 设已定义了 T^{n-1}, 令 $T^nx=T(T^{n-1}x)$, 于是对任意自然数 n, T^n 都有定义. 对于有些微分方程或积分方程来说, 其转化后

的映射本身并没有压缩性, 但是 T 的某次幂却满足压缩映射原理的条件, 我们可以得到以下的推广定理.

定理 1.5.2 设 T 是由完备距离空间 X 到其自身的映射, 如果存在常数 θ : $0 \leqslant \theta < 1$, 以及自然数 n_0, 使得

$$\rho(T^{n_0}x, T^{n_0}y) \leqslant \theta\rho(x, y), \quad x, y \in X,$$

那么 T 在 X 中存在唯一的不动点.

证 由题设知映射 T^{n_0} 满足定理 1.5.1 的条件, 故 T^{n_0} 存在唯一的不动点 x_0. 下证 x_0 也是 T 的唯一的不动点. 由

$$T^{n_0}(Tx_0) = T^{n_0+1}(x_0) = T(T^{n_0}x_0) = Tx_0$$

知 Tx_0 也是 T^{n_0} 的不动点. 由 T^{n_0} 不动点的唯一性, 可得 $Tx_0 = x_0$, 即 x_0 是映射 T 的不动点.

若还有 $Tx_1 = x_1$, 则

$$T^{n_0}(x_1) = T^{n_0-1}(Tx_1) = T^{n_0-1}x_1 = \cdots = Tx_1 = x_1,$$

从而 x_1 也是 T^{n_0} 的不动点. 因为 T^{n_0} 的不动点是唯一的, 所以 $x_1 = x_0$.

例 1.5.4 设 $k(t, s)$ 是定义在三角形区域 $a \leqslant t \leqslant b$, $a \leqslant s \leqslant t$ 上的连续函数, 则沃尔泰拉积分方程

$$x(t) = \lambda \int_{[a,t]} k(t, s)\, x(s)\, \mathrm{d}s + f(t) \tag{1.5.5}$$

对任意 $f \in C[a, b]$ 以及任意常数 $\lambda \neq 0$ 存在唯一的解 $x_0 \in C[a, b]$.

证 作 $C[a, b]$ 到其自身的映射 T:

$$(Tx)(t) = \lambda \int_{[a,t]} k(t, s)\, x(s)\, \mathrm{d}s + f(t),$$

则对任意的 $x_1, x_2 \in C[a, b]$, 有

$$\begin{aligned}
|(Tx_1)(t) - (Tx_2)(t)| &= |\lambda| \left| \int_{[a,t]} k(t, s)\, [x_1(s) - x_2(s)]\, \mathrm{d}s \right| \\
&\leqslant |\lambda| M(t-a) \max_{a \leqslant t \leqslant b} |x_1(t) - x_2(t)| \\
&= |\lambda| M(t-a) \rho(x_1, x_2),
\end{aligned}$$

其中 $M = \max\limits_{\substack{a \leqslant t \leqslant b \\ a \leqslant s \leqslant t}} |k(t, s)|$, $\rho(x, y)$ 为 $C[a, b]$ 的距离. 现在用归纳法证明

$$|T^n x_1(t) - T^n x_2(t)| \leqslant \left(|\lambda|^n M^n \frac{(t-a)^n}{n!} \right) \rho(x_1, x_2). \tag{1.5.6}$$

当 $n=1$ 时, 不等式 (1.5.6) 已经证明. 现设当 $n=k$ 时, 不等式 (1.5.6) 成立, 则当 $n=k+1$ 时,

$$\begin{aligned}\left|T^{k+1}x_1(t)-T^{k+1}x_2(t)\right| &= |\lambda|\left|\int_{[a,t]}K(t,s)\left[T^k x_1(s)-T^k x_2(s)\right]\mathrm{d}s\right| \\ &\leqslant \left(\frac{|\lambda|^{k+1}M^{k+1}}{k!}\right)\left|\int_{[a,t]}(s-a)^k\mathrm{d}s\right|\rho(x_1,x_2) \\ &= \left[\frac{|\lambda|^{k+1}M^{k+1}(t-a)^{k+1}}{(k+1)!}\right]\rho(x_1,x_2).\end{aligned}$$

故不等式 (1.5.6) 对 $n=k+1$ 也成立, 从而对一切自然数 n 成立. 由此可知

$$\begin{aligned}\rho(T^n x_1,T^n x_2) &= \max_{a\leqslant t\leqslant b}|\,T^n x_1(t)-T^n x_2(t)\,| \\ &\leqslant \left(\frac{|\lambda|^n M^n(b-a)^n}{n!}\right)\rho(x_1,x_2).\end{aligned}$$

对任意给定的参数 λ, 总可以选取足够大的 n, 使得 $\dfrac{|\lambda|^n M^n(b-a)^n}{n!}<1$. 因此 T^n 满足定理 1.5.2 的条件, 故方程 (1.5.5) 在 $C[a,b]$ 中存在唯一的解.

习　题　1

1. 设 X 是距离空间, ρ 是其上的距离, 令

$$\tilde{\rho}(x,y)=\frac{\rho(x,y)}{1+\rho(x,y)}.$$

证明: (1) $\tilde{\rho}$ 也是 X 上的距离;

(2) (X,ρ) 与 $(X,\tilde{\rho})$ 同胚.

2. 设 X 是距离空间, $A\subset X$. 证明 A 的一切内点组成的集必为开集.

3. 设 (X,ρ) 是距离空间, $F\subset X$, 试证明 $\{x:\rho(x,F)<\varepsilon\}$ 是开集.

4. 证明: 任意开集都可以表示为可列个闭集之并; 任意闭集都可以表示为可列个开集之交.

5. 设 X 按距离 ρ 为距离空间, $A\subset X$ 非空. 令

$$f(x)=\inf_{y\in A}\rho(x,y),\quad x\in X.$$

证明 $f(x)$ 是 X 上的一致连续函数.

6. 定义在距离空间 (X,ρ) 的实值函数 f 连续的充要条件是对于任意 $c\in\mathbf{R}$, 有 $\{x:f(x)\geqslant c\}$ 和 $\{x:f(x)\leqslant c\}$ 都是闭集.

7. 设 $f(x)$ 是由距离空间 X 到距离空间 X_1 中的连续映射, A 在 X 中稠密, 证明 $f(A)$ 在 $f(X)$ 中稠密.

8. 证明可分距离空间 X 的任一子集都是可分的.

9. 证明 $L^{\infty}(F)$ 是一个不可分的距离空间.

10. 设 $C^1[a,b]$ 表示在 $[a,b]$ 上一阶连续可导函数全体构成的集. 对于 $x,y\in C^1[a,b]$, 令

$$\rho(x,y)=\max_{a\leqslant t\leqslant b}|x(t)-y(t)|+\max_{a\leqslant t\leqslant b}|x'(t)-y'(t)|.$$

证明:(1) $C^1[a,b]$ 按照 ρ 是完备的距离空间;

(2) 多项式全体按照 ρ 在 $C^1[a,b]$ 中稠密.

11. 证明序列空间 s 是完备的距离空间.

12. 证明空间 l^{∞} 是完备的距离空间.

13. 设 (X,ρ) 是距离空间, 令

$$\tilde{\rho}(x,y)=\frac{\rho(x,y)}{1+\rho(x,y)},$$

则 (X,ρ) 完备的充要条件是 $(X,\tilde{\rho})$ 完备.

14. 设 $\mathbf{R}$ 是实数域, 在 $\mathbf{R}$ 上定义距离

$$\rho_2(x,y)=|\mathrm{e}^x-\mathrm{e}^y|,$$

则 $\mathbf{R}$ 按 ρ_2 是一个距离空间, 但不完备.

15. 设 X 是距离空间, $A\subset B\subset X$. 若 B 是第一类型的集, 则 A 也是第一类型的集. 若 A 是第二类型的集, 则 B 也是第二类型的集.

16. 利用 Baire 纲定理证明: 闭区间 $[a,b]$ 是不可列集.

17. 设 $\{F_c\}_{c\in J}$ 是距离空间 X 中的紧集 A 的一个非空闭子集族, 其中任意有限多个 F_c 具有非空的交, 则 $\bigcap\limits_{c\in J}F_c\neq\varnothing$.

18. 如果距离空间 X 中的任一半径趋向于 0 的闭球套都有非空的交, 则空间 X 是完备的.

19. 证明列紧集的闭包是紧集.

20. 证明: $\mathbf{R}^n$ 中的有界集是列紧集.

21. 证明: 如果 F_1, F_2 是距离空间 X 中的紧集, 则存在 $x_0\in F_1$, $y_0\in F_2$ 使

$$\rho(F_1,F_2)=\rho(x_0,y_0),$$

其中 $\rho(F_1,F_2)=\inf\limits_{x\in F_1,y\in F_2}\rho(x,y)$. 并证明: 若 $\rho(F_1,F_2)=0$, 则 $F_1\cap F_2\neq\varnothing$.

22. 如果 F_1, F_2 是距离空间 X 中的两个子集, 其中一个是闭集, 另一个是紧集. 证明: 如果 $\rho(F_1,F_2)=0$, 则 $F_1\cap F_2\neq\varnothing$.

23. 设 $X=[1,+\infty)$ 是 $\mathbf{R}$ 的子空间, $T:X\to X$ 定义为

$$Tx=\frac{x}{2}+\frac{1}{x}.$$

证明 T 是压缩映射并求出 T 的不动点.

24. 用迭代法求方程

$$x^3 + 4x - 2 = 0$$

的根, 并估计近似解的误差.

25. 设 X 是以 ρ 为距离的紧空间, T 是 X 到它自身的映射, 若对任意 $x, y \in X$, 当 $x \neq y$ 时, 有

$$\rho(Tx, Ty) < \rho(x, y),$$

则 T 有唯一的不动点.

26. 设 X 是完备距离空间, T 是 X 到它自身的映射, 在闭球 $\bar{B} = \{x \in X : \rho(x, x_0) \leqslant r\}$ 上, $\rho(Tx, Ty) \leqslant \theta\rho(x, y)$ 且 $\rho(x_0, Tx_0) < (1-\theta)r$, 其中 $0 \leqslant \theta < 1$. 证明 T 在 $\bar{B}$ 存在唯一的不动点.

27. 设 $|\lambda| < 1$, 考虑 $C[0,1]$ 上的积分方程

$$x(s) = \lambda \int_{[0,1]} \sin(t)\,\mathrm{d}t + y(s),$$

其中 $y \in C[0,1]$, 证明此方程存在唯一连续解.

第 2 章　赋范线性空间

第 1 章讨论了距离空间及其上的映射, 引入距离和与距离相关的一些概念, 并将 Euclid 空间的分析性质和拓扑性质推广到一般非空集合上. 但由于这样的空间不具有代数性质, 所以我们在处理某些工程技术中的线性与非线性问题时, 经常会遇到各种困难. 本章介绍一类同时具有拓扑结构和代数结构的空间 —— 赋范线性空间. 完备的赋范线性空间称为 Banach 空间.

2.1　赋范线性空间

2.1.1　线性空间

高等代数中已经研究过线性空间, 现在就其中的基本概念及性质作简单回顾.

定义 2.1.1　设 X 是非空集合, K 是实 (或复) 数域, 如果 X 有下列性质, 则称 X 是一个实 (或复) 的**线性空间**.

(i) 关于加法成为交换群 (加群), 即对任意 $x, y \in X$, 在 X 中都存在唯一的元素 u 与之对应, 且满足

(a) **交换律**　$x + y = y + x$;

(b) **结合律**　$(x + y) + z = x + (y + z)$;

(c) X 中存在零元素 θ, 使得对任意 $x \in X$, 都有 $x + \theta = x$;

(d) 存在逆元素, 即对任意 $x \in X$, 存在 $-x \in X$, 使得 $x + (-x) = \theta$.

此时, 称 u 为 x 与 y 的**和**, 记 $u = x + y$.

(ii) 对任意 $x \in X$, $\alpha \in K$, 在 X 中都有唯一的元素 ν 与之对应, 且满足

(a) $1 \cdot x = x$;

(b) $\alpha(\beta x) = (\alpha\beta)x$;

(c) $(\alpha + \beta)x = \alpha x + \beta x$;

(d) $\alpha(x + y) = \alpha x + \alpha y$.

此时, 称 ν 为 x 与 α 的**数乘**(或**数积**), 记 $\nu = \alpha x$.

若 $K = \mathbf{R}$, 则称 X 为实线性空间; 若 $K = \mathbf{C}$, 则称 X 为复线性空间.

线性空间中的加法与数乘运算是 Euclid 空间中加法与数乘运算的推广, 所以线性空间中的元素也称为**向量**(或**点**). 加法运算及数乘运算统称为**线性运算**, 线性空间也称为**向量空间**.

下面介绍线性空间中一些常用的概念.

(1) 线性组合 (线性表示).

设 $x \in X$, 如果存在 $x_k \in X$, $c_k \in K(k=1,2,\cdots,n)$, 使得

$$x = c_1x_1 + c_2x_2 + \cdots + c_nx_n = \sum_{k=1}^{n} c_kx_k,$$

则称 x 是 $x_1, x_2, \cdots, x_n$ 的**线性组合**, 或称 x 可由 $x_1, x_2, \cdots, x_n$**线性表示**.

(2) 线性相关与线性无关.

设 $x_1, x_2, \cdots, x_n$ 是 X 中的元素. 若存在不全为 0 的数 $c_1, c_2, \cdots, c_n$, 使得

$$c_1x_1 + c_2x_2 + \cdots + c_nx_n = \theta,$$

则称元素 $x_1, x_2, \cdots, x_n$**线性相关**, 或称集合$\{x_1, x_2, \cdots, x_n\}$**线性相关**.

反之, 如果由 $c_1x_1 + c_2x_2 + \cdots + c_nx_n = \theta$ 可推导出 $c_1 = c_2 = \cdots = c_n = 0$, 则称元素 $x_1, x_2, \cdots, x_n$**线性无关**或称集合$\{x_1, x_2, \cdots, x_n\}$**线性无关**.

设集合 $A \subset X$, 如果 A 中任意有限多个元素都是线性无关的, 则称 A **线性无关**.

(3) 线性子空间.

设 X_0 是线性空间 X 的一个子集, 若对任意 $x, y \in X_0$, $\alpha \in K$, 都有

$$x + y \in X_0, \quad \alpha x \in X_0$$

成立, 则 X_0 按照 X 的线性运算也是线性空间, 称 X_0 是 X 的一个**线性子空间**(简称为**子空间**).

(4) 子集张成的子空间.

设 L 是线性空间 X 的一个非空子集, 令

$$\operatorname{span}(L) = \left\{ \sum_{k=1}^{n} c_kx_k : x_k \in L, c_k \in K, n = 1, 2, \cdots \right\}.$$

易见 span(L) 是 X 的一个子空间, 称 span(L) 是**由子集 L 张成的子空间**或 L **的线性包**.

可以证明, span(L) 是包含 L 的一切线性子空间的交集. 也就是说, span(L) 是包含 L 的最小子空间. 事实上, 设 $M = \operatorname{span}(L)$, A 是包含 L 的任一线性空间. 任取 $x_k \in L(k=1,2,\cdots,n)$, 则 $x_k \in A$, 进而 $\sum\limits_{k=1}^{n} c_kx_k \in A$. 又 M 是所有形如 $\sum\limits_{k=1}^{n} c_kx_k$ 的元素构成的集, 故 $M \subset A$.

(5) 线性同构.

设 X, Y 为实 (或复) 的线性空间. 若存在 X 到 Y 的一一映射 T, 使得对任意 $x, y \in X$ 及 $\alpha \in K$, 有

$$T(x+y) = Tx + Ty,$$

$$T(\alpha x) = \alpha Tx,$$

则称空间 X 和 Y 是线性**同构**的, 映射 T 为 X 到 Y 的线性**同构映射**.

(6) 直和.

设 X 是线性空间, $L_1, L_2, \cdots, L_n$ 是 X 的子空间, 如果对任意的 $x \in X$, 都有 $x_k \in L_k (k = 1, 2, \cdots, n)$, 使得 x 可以唯一表示成

$$x = x_1 + x_2 + \cdots + x_n,$$

则称 X 是 $L_1, L_2, \cdots, L_n$ 的**直和**, 记 $X = L_1 \oplus L_2 \oplus \cdots \oplus L_n$ 或 $X = \sum\limits_{k=1}^{n} \oplus L_k$.

注 1 设$X = \sum\limits_{k=1}^{n} \oplus L_k$, 在 $L_k (k = 1, 2, \cdots, n)$ 中任取非零元素 x_k, 则 $x_1, x_2, \cdots, x_n$ 是线性无关的.

事实上, 若存在数 $c_k (k = 1, 2, \cdots, n)$, 使得 $\sum\limits_{k=1}^{n} c_k x_k = \theta$. 由零元素 θ 表示的唯一性可知, $c_k = 0 (k = 1, 2, \cdots, n)$, 所以 $x_1, x_2, \cdots, x_n$ 线性无关.

注 2 设 $X = \sum\limits_{k=1}^{n} \oplus L_k$. 任取 $x = (x_1, x_2, \cdots, x_n) \in X$, 其中 $x_k \in L_k (k = 1, 2, \cdots, n)$. 令

$$X_k = \{(\underbrace{0, \cdots, 0}_{k-1}, x_k, 0, \cdots, 0)\},$$

则 X_k 与 L_k 同构. 而 $X = \sum\limits_{k=1}^{n} \oplus L_k$, 所以 $X = \sum\limits_{k=1}^{n} \oplus X_k$. 这是从已知的线性空间来构造直和空间的方法.

注 3 若线性空间 $X = M \oplus N$, 则称 M 与 N 是**代数互补**的线性子空间, N 是 M 在 X 中的一个**代数补子空间**, 简称为**代数补**.

(7) 凸集.

设 X 是数域 K 上的线性空间, E 是 X 的一个子集. 若对任意 $x, y \in E$ 及任一 $r: 0 \leqslant r \leqslant 1$, 有 $rx + (1-r)y \in E$, 则称 E 是一个**凸集**. 若子集 $E \subset X$, 记

$$\mathrm{co}(E) = \left\{ \sum_{i=1}^{n} r_i x_i : x_i \in E, r_i \geqslant 0, \sum_{i=1}^{n} r_i = 1, n = 1, 2, \cdots \right\},$$

称 $\text{co}(E)$ 是 E 的**凸包**或**凸壳**, 形如 $\sum\limits_{i=1}^{n} r_i x_i$ 的元素称为 $x_1, x_2, \cdots, x_n$ 的**凸组合**.

显然, X 与空集 $\varnothing$ 都是凸集, X 的任一线性子空间也是凸集.

注　单位球是 θ 点的一个凸邻域, 这是赋范空间十分重要的几何特征.

对于 $x \in X$, $E_1, E_2 \subset X$, $\alpha \in K$, 在本书中, 我们拟采用以下记号:

$$x + E_1 = \{x + x_1 : x_1 \in E_1\},$$

$$\alpha E_1 = \{\alpha x_1 : x_1 \in E_1\},$$

$$E_1 + E_2 = \{x_1 + x_2 : x_1 \in E_1, x_2 \in E_2\}.$$

此时, 我们称 αE_1 是 E_1 的**倍集**, $E_1 + E_2$ 是 E_1, E_2 的 (线性)**和集**.

例 2.1.1　n 维欧氏空间 $\mathbf{R}^n$.

设 $x = (\xi_1, \xi_2, \cdots, \xi_n)$, $y = (\eta_1, \eta_2, \cdots, \eta_n) \in \mathbf{R}^n$, $\lambda \in \mathbf{R}$. 令

$$x + y = (\xi_1 + \eta_1, \xi_2 + \eta_2, \cdots, \xi_n + \eta_n),$$

$$\lambda x = (\lambda\xi_1, \lambda\xi_2, \cdots, \lambda\xi_n),$$

则 $\mathbf{R}^n$ 按照上述线性运算是一个线性空间.

例 2.1.2　空间 $C[a,b]$.

任取 $x, y \in C[a,b]$, 以及 $\lambda \in K$. 令

$$(x+y)(t) = x(t) + y(t), \quad (\lambda x)(t) = \lambda\, x(t),$$

则 $C[a,b]$ 按照上述线性运算是一个线性空间.

例 2.1.3　$L^p(E)(1 \leqslant p < \infty)$, 其中 E 为可测集.

在 $L^p(E)$ 中, 凡几乎处处相等的函数视为同一个元素. 线性运算的定义与例 2.1.2 相同, 于是 $L^p(E)$ 按照这个线性运算也是一个线性空间.

例 2.1.4　空间 $l^p(1 \leqslant p < \infty)$.

在例 1.1.5 中已经证明, 若 $x = \{\xi_1, \xi_2, \cdots, \xi_n, \cdots\}$ 及 $y = \{\eta_1, \eta_2, \cdots, \eta_n, \cdots\}$ 均属于 l^p, 则序列 $\{\xi_1 + \eta_1, \cdots, \xi_n + \eta_n, \cdots\}$ 也属于 l^p. 今定义 l^p 中的线性运算如下:

$$x + y = \{\xi_1 + \eta_1, \xi_2 + \eta_2, \cdots, \xi_n + \eta_n, \cdots\};$$

$$\alpha x = \{\alpha\xi_1, \alpha\xi_2, \cdots, \alpha\xi_n, \cdots\}.$$

l^p 按照上述线性运算是一个线性空间.

同理, 若空间 l^∞ 中线性运算的定义与 l^p 的相同, 则 l^∞ 在该线性运算下也是一个线性空间.

例 2.1.5 空间 $L^{\infty}(E)$, 其中 E 为可测集.

在 $L^{\infty}(E)$ 中, 凡几乎处处相等的函数视为同一个元素, 线性运算的定义与 $C[a,b]$ 相同, 则 $L^{\infty}(E)$ 按照这个线性运算也是一个线性空间.

2.1.2 赋范线性空间的定义及基本性质

欧氏空间中的向量可以定义长度, 即所谓向量的模. 如果把欧氏空间中向量长度所具有的性质抽象出来, 推广到一般的向量空间中, 即在一般的线性空间中引入范数的概念, 则可建立赋范线性空间.

定义 2.1.2 设 X 是实 (或复) 的线性空间. 如果对于 X 中的每个元素 x, 都有一个实数 $||x||$ 与之对应, 且满足

(i) **非负性** $||x|| \geqslant 0, ||x|| = 0$ 当且仅当 $x = \theta$;

(ii) **绝对齐次性** $||\alpha x|| = |\alpha| \cdot ||x||$, 这里 α 是实 (或复) 数;

(iii) **三角不等式** $||x+y|| \leqslant ||x|| + ||y||$,

则称 X 为**实 (或复) 的赋范线性空间**, 记作 $(X, ||\cdot||)$, $||x||$ 称为 x 的**范数**.

其中 (i)~(iii) 称为范数的三条公理, 最早出现在 1918 年 Riesz 关于 $C[a,b]$ 上紧算子的工作中, 是 $\mathbf{R}^n$ 中向量模长所具有性质的抽象概括.

在赋范线性空间 $(X, ||\cdot||)$ 中, 对于任意 $x, y \in X$, 如果令

$$\rho(x,y) = ||x-y||,$$

可以证明, $\rho(x,y)$ 满足定义 1.1.1 中距离的全部条件. 也就是说, (X,ρ) 是一个距离空间. 这样的距离 ρ 称为由范数 $||\cdot||$ 导出的距离. 特别地, $\rho(x,\theta) = ||x||$. 因此赋范线性空间都是距离空间. 从而距离空间中的所有概念和结论在赋范线性空间中都成立.

定义 2.1.3 设 $\{x_n\}$ 是赋范线性空间 X 中的点列, $x \in X$, 若

$$\rho(x_n, x) = ||x_n - x|| \to 0, \quad n \to \infty,$$

则称 $\{x_n\}$**依范数收敛**于 x, 也可称为 $\{x_n\}$**强收敛于**x, 记作

$$\lim_{n\to\infty} x_n = x, \quad \text{或} \quad x_n \xrightarrow{||\cdot||} x \ (n \to \infty).$$

数学分析中关于收敛数列的一些基本性质, 部分可以推广到赋范线性空间的收敛点列中. 对于赋范线性空间 $(X, ||\cdot||)$, 下述性质成立.

(1) 若 $\{x_n\}$ 是 X 中依范数收敛于 x 的点列, 则 $\{||x_n||\}$ 是有界的.

证 设 $\{x_n\}$ 依范数收敛于 x. 取定 $\varepsilon_0 = 1$, 存在自然数 N, 使得对任意 $n > N$, 都有 $||x_n - x|| < 1$. 注意到

$$||x_n|| \leqslant ||x_n - x|| + ||x||,$$

故 $\|x_n\| < 1 + \|x\|(n > N)$. 令 $M = \max\{\|x_1\|, \|x_2\|, \cdots, \|x_N\|, 1 + \|x\|\}$, 则 $\|x_n\| \leqslant M$, 即 $\{\|x_n\|\}$ 是有界的.

(2) $\|\cdot\|$ 是 X 上的连续函数.

证　由范数的三角不等式知

$$|\|x_n\| - \|x\|| \leqslant \|x_n - x\|.$$

若 $\{x_n\}$ 在 $\|\cdot\|$ 意义下收敛于 x, 则 $\|x_n\| \to \|x\|$, 这表明 $\|x\|$ 是 x 的连续函数.

(3) 设 $\{x_n\}$ 和 $\{y_n\}$ 是赋范线性空间 X 中的点列, 且 $x_n \to x, y_n \to y(n \to \infty)$, 则

$$x_n + y_n \to x + y, \quad n \to \infty.$$

证　从不等式

$$\|(x_n + y_n) - (x + y)\| \leqslant \|x_n - x\| + \|y_n - y\|$$

易知, $\{x_n + y_n\}$ 依范数收敛于 $x + y$.

(4) 若 $\{x_n\} \subset X$ 且 $x_n \to x(n \to \infty)$, $\{\alpha_n\} \subset K, \alpha_n \to \alpha(n \to \infty)$, 则

$$\alpha_n x_n \to \alpha x, \quad n \to \infty.$$

证　由不等式

$$\begin{aligned} \|\alpha_n x_n - \alpha x\| &\leqslant \|\alpha_n x_n - \alpha_n x\| + \|\alpha_n x - \alpha x\| \\ &= |\alpha_n|\|x_n - x\| + |\alpha_n - \alpha|\|x\| \end{aligned}$$

及 $\{|\alpha_n|\}$ 的有界性, 可知 $\|\alpha_n x_n - \alpha x\| \to 0(n \to \infty)$.

注　(3) 和 (4) 说明在赋范线性空间中, 加法和数乘运算都是连续的.

赋范线性空间都是距离空间, 反之不然. 下面定理给出距离空间的距离是由范数导出的一个判定方法.

定理 2.1.1　线性空间 X 上的距离 ρ 使得 X 成为赋范线性空间, 当且仅当 ρ 满足

(i) $\rho(\alpha x, \theta) = |\alpha|\rho(x, \theta), x \in X, \alpha \in K$;

(ii) $\rho(x + z, y + z) = \rho(x, y), x, y, z \in X$.

证　**必要性**　若 $(X, \|\cdot\|)$ 是赋范线性空间, $\|\cdot\|$ 导出的距离为 $\rho(x, y) = \|x - y\|$. 由范数的性质知

$$\begin{aligned} \rho(\alpha x, \theta) &= \|\alpha x\| = |\alpha| \cdot \|x\| = |\alpha|\rho(x, \theta), \\ \rho(x + z, y + z) &= \|(x + z) - (y + z)\| = \|x - y\| = \rho(x, y). \end{aligned}$$

充分性 若 ρ 满足条件 (i), (ii), 定义 $||x|| = \rho(x,\theta)$. 显然有 $||x|| \geqslant 0$, $||x|| = 0$ 当且仅当 $x = \theta$. 由

$$||\alpha x|| = \rho(\alpha x, \theta) = |\alpha|\rho(x,\theta) = |\alpha|||x||$$

可知绝对齐次性成立. 最后, 我们证明三角不等式.

事实上, 对任意 $x, y \in X$,

$$\begin{aligned} ||x+y|| &= \rho(x+y,\theta) = \rho(x,-y) \\ &\leqslant \rho(x,\theta) + \rho(\theta,-y) \\ &= ||x|| + ||y||. \end{aligned}$$

所以, $(X, ||\cdot||)$ 是一个赋范线性空间.

注 定理 2.1.1 中 (i), (ii) 两式是距离可由范数导出的必要条件. (i) 式反映了这种距离的某种 "齐次" 性, (ii) 式反映了范数导出的距离具有平移不变性. 若定理 2.1.1 中 (i), (ii) 两式不同时成立, 则该距离不能由某种范数导出. 我们看下面的例子.

例 2.1.6 序列空间 s 是距离空间, 但不是赋范线性空间.

任取 s 中的两个元素 $x = \{\xi_1, \xi_2, \cdots, \xi_n, \cdots\}$ 及 $y = \{\eta_1, \eta_2, \cdots, \eta_n, \cdots\}$, 距离

$$\rho(x,y) = \sum_{k=1}^{\infty} \frac{1}{2^k} \cdot \frac{|\xi_k - \eta_k|}{1 + |\xi_k - \eta_k|}$$

不满足定理 2.1.1 中的 (i).

2.1.3 赋范线性空间的例子

在欧氏空间 $\mathbf{R}^n$, 函数空间 $C[a,b]$, $L^p[a,b]$, $L^\infty(E)$ 及序列空间 l^p, l^∞ 等线性空间中, 都可以适当地定义范数使之成为赋范线性空间.

例 2.1.7 空间 $\mathbf{R}^n$.

对任意 $x = (\xi_1, \xi_2, \cdots, \xi_n) \in \mathbf{R}^n$, 定义范数

$$||x|| = \left(\sum_{k=1}^{n} |\xi_k|^2 \right)^{\frac{1}{2}},$$

则 $||\cdot||$ 满足范数的全部条件. 因此 $\mathbf{R}^n$ 按照上述范数是一个赋范线性空间, 而且由范数导出的距离就是例 1.1.1 中的距离. 因此 $\mathbf{R}^n$ 中的依范数收敛等价于按坐标分量收敛.

例 2.1.8 空间 $C[a,b]$.

对任意 $x \in C[a,b]$, 定义范数

$$||x|| = \max_{a \leqslant t \leqslant b} |x(t)|,$$

则 $||\cdot||$ 满足范数的全部条件. 因此 $C[a,b]$ 按照上述范数是一个赋范线性空间. 而且由范数导出的距离就是例 1.1.2 中的距离, 因此 $C[a,b]$ 中依范数收敛等价于一致收敛.

例 2.1.9 空间 $L^p[a,b](1 \leqslant p < \infty)$.

对任意 $x \in L^p[a,b]$, 定义范数

$$||x|| = \left(\int_E |x(t)|^p \mathrm{d}t\right)^{\frac{1}{p}},$$

则 $||\cdot||$ 满足范数的全部条件. 因此 $L^p[a,b]$ 按照上述范数是一个赋范线性空间, 而且由范数导出的距离就是例 1.1.3 中的距离, 因此 $L^p[a,b]$ 中依范数收敛等价于 p 幂平均收敛.

例 2.1.10 空间 $L^\infty(E)$.

任取 $x \in L^\infty(E)$, 定义

$$||x|| = \inf_{\substack{mE_0=0 \\ E_0 \subset E}} \sup_{t \in E/E_0} |x(t)| = \operatorname*{ess\,sup}_{t \in E} |x(t)|,$$

则 $||\cdot||$ 满足范数的全部条件. 因此 $L^\infty(E)$ 按照上述定义的范数是一个赋范线性空间, 而且由范数导出的距离就是例 1.1.4 中的距离, 可以证明 $L^\infty(E)$ 中依范数收敛等价于几乎一致收敛.

例 2.1.11 空间 $l^p(1 \leqslant p < \infty)$.

任取 $x = \{\xi_1, \xi_2, \cdots, \xi_n, \cdots\} \in l^p$, 定义

$$||x|| = \left(\sum_{n=1}^{\infty} |\xi_n|^p\right)^{\frac{1}{p}},$$

则 $||\cdot||$ 满足范数的全部条件. 因此 l^p 按照上述范数是一个赋范线性空间, 而且由范数导出的距离就是例 1.1.5 中的距离.

例 2.1.12 空间 l^∞.

对任意的 $x = \{\xi_1, \xi_2, \cdots, \xi_n, \cdots\} \in l^\infty$, 定义

$$||x|| = \sup_{1 \leqslant n < \infty} |\xi_n|,$$

则 $||\cdot||$ 满足范数的全部条件. 因此 l^∞ 按照上述定义的范数是一个赋范线性空间, 而且由范数导出的距离就是例 1.1.6 中的距离.

2.2 Banach 空间

第 1 章已经将实数域的完备性理论推广到距离空间中, 赋范线性空间都是距离空间, 因此也有完备性. 又由于赋范线性空间的特殊性, 本节专门讨论完备的赋范线性空间, 即 Banach 空间. 正如实数域 $\mathbf{R}$ 的完备性在数学分析中的重要意义, Banach 空间的完备性在泛函分析中也发挥着极其重要的作用.

2.2.1 Banach 空间的定义及例子

我们知道, 赋范线性空间是一种特殊的距离空间, 由范数导出的距离定义为

$$\rho(x,y)=||x-y||. \tag{2.2.1}$$

定义 2.2.1 若赋范线性空间 $(X,||\cdot||)$ 按式 (2.2.1) 导出的距离空间是完备的, 则称 X 是一个**Banach 空间**.

1.3 节中已经证明了 $\mathbf{R}^n, C[a,b], L^p[a,b](0\leqslant p<\infty), l^p(1\leqslant p<\infty), S, L^\infty(E)$ 是完备的, 下面再介绍几个常用的 Banach 空间.

例 2.2.1 空间 l^∞.

证 设 $\{x_n\}$ 是 l^∞ 中的基本列, 其中 $x_n=\{\xi_1^{(n)},\xi_2^{(n)},\cdots,\xi_i^{(n)},\cdots\}$. 于是对任意 $\varepsilon>0$, 存在 $N>0$, 使得当 $m,n>N$ 时,

$$||x_m-x_n||=\sup_{i\geqslant 1}|\xi_i^{(n)}-\xi_i^{(m)}|<\varepsilon,$$

则对任意的 i, 有

$$|\xi_i^{(n)}-\xi_i^{(m)}|<\varepsilon. \tag{2.2.2}$$

故对每个 i, $\{\xi_i^{(n)}\}$ 是 $\mathbf{R}$ 中的基本点列. 因此存在 $\xi_i\in\mathbf{R}$, 使得 $\lim\limits_{n\to\infty}\xi_i^{(n)}=\xi_i$. 在式 (2.2.2) 中固定 n, 令 $m\to\infty$, 有

$$|\xi_i^{(n)}-\xi_i|\leqslant\varepsilon,\quad i=1,2,\cdots,$$

从而可得 $||x_n-x||\to 0(n\to\infty)$, 且 $x=\{\xi_1,\xi_2,\cdots\}\in l^\infty$. 这表明 l^∞ 是完备的, 所以它是 Banach 空间.

例 2.2.2 $C^k[a,b]$.

证 $C^k[a,b]$ 是指在区间 $[a,b]$ 上具有直到 k 阶连续导数的函数构成的集合. $C^k[a,b]$ 中线性运算的定义与 $C[a,b]$ 相同, 于是 $C^k[a,b]$ 按照这个线性运算是一个线性空间. 再令

$$||x||=\sum_{j=0}^{k}\max_{a\leqslant t\leqslant b}|x^{(j)}(t)|,\quad x\in C^k[a,b]. \tag{2.2.3}$$

不难验证, $||\cdot||$ 满足范数定义的全部条件, 于是 $C^k[a,b]$ 按照范数 (2.2.3) 是一个赋范线性空间. 而且 $C^k[a,b]$ 中点列 $\{x_n\}$ 依范数收敛于 $x\in C^k[a,b]$ 等价于 $x_n(t)$ 的直到 k 阶导数分别一致收敛于 $x(t)$ 的相应阶导数. 下面验证 $C^k[a,b]$ 是完备的.

任取 $C^k[a,b]$ 中的基本点列 $\{x_n\}$, 于是对任意 $\varepsilon>0$, 存在自然数 N, 使得当 $m,n>N$ 时, $||x_m-x_n||<\varepsilon$, 即

$$\sum_{j=0}^{k}\max_{a\leqslant t\leqslant b}|x_m^{(j)}(t)-x_n^{(j)}(t)|<\varepsilon.$$

因此对于每个 $j(j=0,1,\cdots,k)$, 不等式

$$|x_m^{(j)}(t)-x_n^{(j)}(t)|<\varepsilon,\quad m,n>N$$

关于 $t\in[a,b]$ 一致成立. 所以, $\{x_n^{(j)}(t)\}$ 一致收敛于某个连续函数 $y_j(t)(j=0,1,\cdots,k)$, $y_{j+1}(t)$ 是 $y_j(t)$ 的导数 $(j=0,1,\cdots,k-1)$. 由此可知, $y_0(t)$ 有直到 k 阶连续导数且

$$y_0^{(j)}(t)=y_j(t),\quad j=0,1,\cdots,k.$$

于是 $\{x_n\}$ 依 $C^k[a,b]$ 中的范数收敛于 y_0, 故 $C^k[a,b]$ 完备, 这表明 $C^k[a,b]$ 是 Banach 空间.

值得注意的是并非所有赋范线性空间都完备, 不完备的赋范线性空间是存在的, 即使同一个线性空间, 在某一种范数下空间是完备的, 但在另一种范数下空间可能是不完备的.

例 2.2.3　在空间 $C[a,b]$ 中定义范数

$$||x||=\max_{a\leqslant t\leqslant b}|x(t)|,$$

则空间 $C[a,b]$ 是完备的; 若定义范数

$$||x||_2=\left(\int_{[a,b]}|x(t)|^2\mathrm{d}t\right)^{\frac{1}{2}},$$

由它所诱导的距离为 $\rho_2(x,y)=||x-y||_2$. 取 $c=\dfrac{a+b}{2}$. 易见下面的函数属于 $L^2[a,b]$.

$$x_0(t)=\begin{cases}-1, & a\leqslant t<c,\\ 0, & t=c,\\ 1, & c<t\leqslant b.\end{cases}$$

由于 $C[a,b]$ 在 $L^2[a,b]$ 中稠密, 故存在 $\{x_n\}\subset C[a,b]$, 使得 $\rho(x_n,x_0)\to 0(n\to\infty)$. 因为 $x_0(\cdot)$ 不可能对等于一个连续函数, 故 $C[a,b]$ 按照距离 ρ_2 是不完备的.

2.2.2 Banach 空间的性质

定义 2.2.2 设 $(X, ||\cdot||)$ 是赋范线性空间, 若 $Y \subset X$ 是 X 的线性子空间, 则称 $(Y, ||\cdot||)$ 是 $(X, ||\cdot||)$ 的**子空间**. 若 Y 还是 $(X, ||\cdot||)$ 的闭子集, 则称 $(Y, ||\cdot||)$ 是 $(X, ||\cdot||)$ 的**闭子空间**.

显然, 子空间是凸集.

定理 2.2.1 设 $(X, ||\cdot||)$ 是赋范线性空间, $X' \subset X$ 是一个子空间, 如果 X' 是开集, 则 $X' = X$.

证 对任意 $x \in X$, 只需证明 $x \in X'$ 即可.

由于 X' 是一个子空间, 所以 $\theta \in X'$. 假设 $x \neq \theta$, 因为 X' 是开的, 故存在 $\delta > 0$, 使得 $S(\theta, \delta) \subset X'$, 从而 $\dfrac{\delta x}{2||x||} \in X'\left(\text{这是因为 } \left\|\dfrac{\delta x}{2||x||}\right\| = \dfrac{\delta}{2} < \delta\right)$. 注意到 X' 是一个线性子空间, 于是

$$x = \frac{2||x||}{\delta}\left(\frac{\delta x}{2||x||}\right) \in X'.$$

因此, $X \subset X'$. 这样我们就证明了 $X' = X$.

注 1 赋范线性空间的真子空间一定不是开集, 但也未必是闭集. 这与 $\mathbf{R}^n$ 中所有的子空间都是闭集是不同的. 比如 $C[a, b]$ 作为 $L[a, b]$ 的子空间, 不是完备的, 从而不是闭子空间.

注 2 Banach 空间的子空间完备当且仅当子空间是闭集.

不完备的赋范线性空间是存在的. 类似于距离空间的完备化, 我们也可以将不完备的赋范线性空间完备化. 为此, 先引入等距同构的概念.

定义 2.2.3 设 $(X, ||\cdot||), (X_1, ||\cdot||_1)$ 是同一数域 K 上的赋范线性空间, T 是从 X 到 X_1 上的一一映射, 且满足

(i) $T(x+y) = Tx + Ty,\ x,\ y \in X$;

(ii) $T(\alpha x) = \alpha Tx,\ x \in X, \alpha \in K$,

则称 T 是从 X 到 X_1 的**线性同构映射**, 称 X 与 X_1 是**线性同构**的. 若 T 还满足

(iii) $||x - y|| = ||Tx - Ty||_1,\ x,\ y \in X$,

则称 T 是从 X 到 X_1 的**等距同构映射**. 称 $(X, ||\cdot||)$ 与 $(X_1, ||\cdot||_1)$ 是**等距同构**的.

显然, 等距同构映射是线性同构且拓扑同胚.

对于赋范线性空间 $(X, ||\cdot||)$, 若存在 Banach 空间 $(X', ||\cdot||_*)$, 使得 X 等距同构于 X' 的某个稠密子空间 W, 则称 X' 是 X 的一个**完备化空间**.

与距离空间的完备化定理类似, 我们也可以给出赋范线性空间的完备化空间存在唯一性定理, 这是赋范空间理论的基本定理之一. 证明过程可参考相关文献.

定理 2.2.2 任意赋范线性空间必存在完备化, 且完备化空间在等距同构意义下是唯一的.

2.2.3 积空间与商空间

在高等代数中, 从已知线性空间出发, 利用直和与商空间可以构造新的线性空间. 这样的方法也可以推广到赋范线性空间中.

定义 2.2.4 设 $X_1, X_2, \cdots, X_n$ 是同一数域 K 上的 n 个线性空间, 令

$$X = \{x = (x_1, x_2, \cdots, x_n) : x_k \in X_k,\, k = 1, 2, \cdots, n\},$$

称 X 为 $X_1, X_2, \cdots, X_n$ 的**乘积空间 (或直和空间)**, 记为

$$X = \prod_{i=1}^{n} X_i \quad \text{或} \quad X = X_1 \times X_2 \times \cdots \times X_n.$$

在 X 中定义线性运算和范数如下:

对任意 $x, y \in X$, $\alpha, \beta \in K$, 其中 $x = (x_1, x_2, \cdots, x_n), y = (y_1, y_2, \cdots, y_n)$, $x_i, y_i \in X_i (i = 1, 2, \cdots, n)$. 令

$$\alpha x + \beta y = (\alpha x_1 + \beta y_1, \alpha x_2 + \beta y_2, \cdots, \alpha x_n + \beta y_n),$$
$$||x|| = ||x_1|| + ||x_2|| + \cdots + ||x_n||. \tag{2.2.4}$$

不难证明 X 是一个赋范线性空间.

在 X 中还可以定义其他范数, 例如, 令

$$||x||_1 = \max\{||x_1||, ||x_2||, \cdots, ||x_n||\}; \tag{2.2.5}$$

$$||x||_2 = \left(\sum_{i=1}^{n} ||x_i||^2\right)^{\frac{1}{2}}. \tag{2.2.6}$$

不难证明 $(X, ||\cdot||_1)$, $(X, ||\cdot||_2)$ 均为赋范线性空间. 如果 $X_1, X_2, \cdots, X_n$ 都是 Banach 空间, 则 X 按 (2.2.4), (2.2.5) 和 (2.2.6) 式定义的范数都是 Banach 空间.

与线性空间中商空间的构造方法相同, 赋范线性空间的商空间也是借助于等价关系构造出来的. 不同的是赋范线性空间的商空间可具有拓扑结构.

定义 2.2.5 设 X 是线性空间, L 是 X 的线性子空间, 对任意 $x_1, x_2 \in X$, 若 $x_1 - x_2 \in L$, 则称 x_1 与 x_2 是**等价的**, 记为 $x_1 \sim x_2$.

由于 L 是线性空间, 可知等价关系 $\sim$ 具有以下性质:

(i) **自反性** $x \sim x$;

(ii) **对称性** 若 $x \sim y$, 则 $y \sim x$;

(iii) **传递性** 若 $x \sim y$, $y \sim z$, 则 $x \sim z$.

借助于此等价关系, 可以将 X 中一切元素进行分类. 对于 X 中的任意两个元素 x, y, 若 $x \sim y$, 则将 x, y 归为一个等价类, 常用记号 ξ, η, ζ 等表示. 于是线性空

间 X 被分成若干个等价类. 易知, X 中的任一个元素属于且只属于某一个等价类; 任意两个不同的等价类没有公共元素.

设等价类 ξ, 对任意 $x \in \xi$, 则 $\xi = x + L = \{x + y : y \in L\}$, 此处 x 称为 ξ 的**代表元**. 因此等价类又可用 $x + L, y + L, z + L$ 等表示.

设 $\hat{X}$ 表示 X 中所有等价类构成的集, 定义 $\hat{X}$ 中线性运算如下:

设 $\xi, \eta \in \hat{X}$, 对任意 $x \in \xi, y \in \eta, \alpha \in K$, 定义

$$\xi + \eta = x + y + L,$$
$$\alpha\xi = \alpha x + L.$$

这样 $\hat{X}$ 按照上述线性运算形成一个线性空间, 称 $\hat{X}$ 是 X 关于 L 的**商空间**. 有时商空间也记为 X/L, 其中的零元为 L.

空间 $L^p[a,b](1 \leqslant p < +\infty)$ 中, 彼此对等的函数视为同一元素, 这样 $L^p[a,b]$ 可以看成是由等价类构成的商空间.

事实上, 令 $L = \{g : g = 0$ 在 $[a,b]$ 上几乎处处成立$\}$, 则 $L^p[a,b]$ 中的元素实际上是形如

$$f + L = \{f + g : g \in L, f \in L^p[a,b]\}$$

的等价类. 即 $L^p[a,b]$ 为闭区间 $[a,b]$ 上全部 p 幂可积函数构成的线性空间关于 L 的商空间, 其中的零元素为 L.

注 上述定义是良好的, 即和 $\xi + \eta$ 与 $x \in \xi$, $y \in \eta$ 的选择无关, 数乘 $\alpha\xi$ 与 $x \in \xi$ 选择也无关.

设 $x, x' \in \xi$, $y, y' \in \eta$, 则 $x - x' \in L$, $y - y' \in L$. 于是

$$\begin{aligned} x' + y' + L &= x + (x' - x) + y + (y' - y) + L \\ &= x + y + (x' - x) + (y' - y) + L \\ &= x + y + L, \end{aligned}$$

这表明 $x' + y' + L$ 和 $x + y + L$ 是同一等价类. 同理可证数乘 $\alpha\xi$ 与 $x \in \xi$ 的选取无关.

设 $(X, ||\cdot||)$ 为赋范线性空间, L 为 X 的闭子空间, 在商空间 X/L 中可以定义范数, 使得 X/L 成为赋范线性空间.

定理 2.2.3 设 $(X, ||\cdot||)$ 为赋范线性空间, L 为 X 的闭子空间, 在 X/L 上定义范数

$$||\xi||_1 = \inf\{\, ||y|| : y \in \xi\}, \quad \xi \in X/L,$$

则 $(X/L, ||\cdot||_1)$ 是一个赋范线性空间. 若 $(X, ||\cdot||)$ 是 Banach 空间, 则 $(X/L, ||\cdot||_1)$ 也是一个 Banach 空间.

证明留作习题.

例 2.2.4 设 $\mathbf{C}$ 是复平面, $\mathbf{R}$ 是 $\mathbf{C}$ 的一个闭子空间. 将 $x \sim y$ 定义为 $x-y \in \mathbf{R}$, 求商空间 $\mathbf{C}/\mathbf{R} = \{\xi = x + \mathbf{R} : x \in \mathbf{C}\}$.

对于 $y \in \xi$, 即 $y - x \in \mathbf{R}$. 也就是说, y 和 x 的虚部相同, $\mathrm{Im}x = \mathrm{Im}y$. 在商空间 $\mathbf{C}/\mathbf{R}$ 上定义范数:

$$||\xi||_1 = \inf_{y\in\xi} ||y|| = |\mathrm{Im}x|,$$

则 $(\mathbf{C}/\mathbf{R}, ||\xi||_{\mathbf{1}})$ 为赋范商空间, 其中 ξ 的范数就是 x 虚部的模. 于是

$$\mathbf{C}/\mathbf{R} = \{\text{全体纯虚数}\},$$

且零元为 $\mathbf{R}$.

2.3 具有基的 Banach 空间

本节主要介绍两类具有基的 Banach 空间: 有限维赋范线性空间和具有 Schauder 基的 Banach 空间.

2.3.1 具有基的 Banach 空间

高等代数中, 我们在 n 维线性空间内引入 "基" 的概念. 设 $e_1, e_2, \cdots, e_n$ 是线性空间 X 中的 $n(n \geqslant 1)$ 个元素, 若 X 中任意元素 x 都可唯一地表示为

$$x = \sum_{k=1}^{n} \alpha_k e_k,$$

则称 $\{e_1, e_2, \cdots, e_n\}$ 是 X 的一个基, 称 $\alpha_1, \alpha_2, \cdots, \alpha_n$ 是 x 关于基 $\{e_1, e_2, \cdots, e_n\}$ 的坐标, 称 n 是 X 的维数, 称 X 为 n 维线性空间. 如果 X 仅含有零元素, 则称 X 为零维线性空间. 所有 n 维线性空间 $(n = 0, 1, 2, \cdots)$ 统称为有限维线性空间, 非有限维的线性空间统称为无限维线性空间.

本节将在无限维赋范线性空间中引入基的概念, 主要讨论具有可列基的情形.

定义 2.3.1 设 X 是有限维线性空间, $||\cdot||$ 是 X 上的一个范数, 则称 $(X, ||\cdot||)$ 为**有限维赋范线性空间**. 若 X 是无限维线性空间, 则称 $(X, ||\cdot||)$ 为**无限维赋范线性空间**.

在数学分析中, 研究过级数的敛散性, 并且收敛数列与收敛的无穷级数可以相互转化. 在赋范线性空间中, 也是类似的情况.

定义 2.3.2 设 $\{x_n\}$ 是赋范线性空间 $(X, ||\cdot||)$ 中的点列, 若它的前 n 项和

$$S_n = x_1 + x_2 + \cdots + x_n$$

在 $\|\cdot\|$ 意义下收敛于 X 中的点 S, 则称无穷级数 $\sum x_n$**(依范数) 收敛**, S 是级数 $\sum x_n$ **的和**; 若数项级数 $\sum \|x_n\|$ 收敛, 则称级数 $\sum x_n$**绝对收敛**.

显然, 当赋范线性空间 $(X, \|\cdot\|)$ 完备时, 绝对收敛一定蕴含着依范数收敛. 反之, 若空间 $(X,\|\cdot\|)$ 中任何绝对收敛级数都是依范数收敛的, 则 $(X,\|\cdot\|)$ 一定是完备的.

定义 2.3.3 设 X 是无限维赋范线性空间, $\{e_n\}$ 是其中的点列. 若对任意 $x \in X$, 都存在唯一的数列 $\{\alpha_n\} \subset K$, 使得

$$x = \sum_{n=1}^{\infty} \alpha_n e_n, \tag{2.3.1}$$

则称点列 $\{e_n\}$ 是 X 中的一个 **Schauder 基**, 简称**基**.

注 1 级数 $\sum\limits_{n=1}^{\infty} \alpha_n e_n$ 是 x 关于 Schauder 基 $\{e_n\}$ 的展开.

注 2 数列 $\{\alpha_n\}$ 选取仅与 x 有关, 且 (2.3.1) 右端的级数在 X 中依范数收敛, 即

$$\lim_{n\to\infty} \left\| x - \sum_{k=1}^{n} \alpha_k e_k \right\| = 0.$$

例 2.3.1 空间 l^2. 取

$$e_n = \{\underbrace{0, \cdots, 0, 1}_{n}, 0, \cdots\}, \quad n = 1, 2, \cdots,$$

则 $\{e_n\}$ 是 l^2 的一个 Schauder 基.

事实上, 对任意 $x = \{x_1, x_2, \cdots\} \in l^2$, 则 $\sum\limits_{k=1}^{\infty} |x_k|^2 < \infty$. 当 $n \to \infty$ 时,

$$\left\| x - \sum_{k=1}^{n} x_k e_k \right\| = \|\{0, 0, \cdots, 0, x_{n+1}, x_{n+2}, \cdots\}\| = \left(\sum_{k=n+1}^{\infty} |x_k|^2 \right)^{\frac{1}{2}} \to 0,$$

于是,

$$x = \lim_{n\to\infty} \sum_{k=1}^{n} x_k e_k = \sum_{k=1}^{\infty} x_k e_k.$$

下证系数的唯一性.

设 $x = \sum\limits_{k=1}^{\infty} y_k e_k$, 则对任意的 $n \in \mathbf{N}$, 由不等式

$$\left\| \sum_{k=1}^{n} x_k e_k - \sum_{k=1}^{n} y_k e_k \right\| \leqslant \left\| \sum_{k=1}^{n} x_k e_k - x \right\| + \left\| x - \sum_{k=1}^{n} y_k e_k \right\|$$

可知, 当 $n\to\infty$ 时,

$$\left\|\sum_{k=1}^{n}x_ke_k-\sum_{k=1}^{n}y_ke_k\right\|\to 0,$$

即

$$\left(\sum_{k=1}^{n}|x_k-y_k|^2\right)^{\frac{1}{2}}\to 0,\quad n\to\infty,$$

从而 $\left(\sum_{k=1}^{\infty}|x_k-y_k|^2\right)^{\frac{1}{2}}=0$. 所以 $x_k=y_k$, $k=1,2,3,\cdots$, 这表明 x 的表达式是唯一的.

定理 2.3.1　具有 Schauder 基的 Banach 空间 X 是可分的.

证　设 $\{e_n\}$ 是 X 的一组 Schauder 基. 令

$$A=\left\{\sum_{k=1}^{n}r_ke_k:r_k\in\mathbf{Q},n\in\mathbf{N}\right\},$$

则 A 是可列集. 下证 A 在 X 中稠密.

任取 $x\in X$, 则存在数列 $\{\alpha_n\}\subset K$, 使得

$$x=\sum_{n=1}^{\infty}\alpha_ne_n.$$

于是, 对任意 $\varepsilon>0$, 存在 $n\in\mathbf{N}$, 使得

$$\left\|\sum_{k=n+1}^{\infty}\alpha_ke_k\right\|<\frac{\varepsilon}{2}.$$

对前 n 项, 利用有理数在实数域中的稠密性, 一定存在 $r_k\in\mathbf{Q}$, $k=1,2,\cdots,n$, 使得

$$|\alpha_k-r_k|<\frac{\varepsilon}{2^{k+1}\|e_k\|}.$$

令 $a=\sum\limits_{k=1}^{n} r_k e_k$, 则 $a \in A$. 同时,

$$\begin{aligned}||x-a|| &= \left\|\sum_{k=1}^{\infty}\alpha_k e_k - \sum_{k=1}^{n} r_k e_k\right\| \\ &\leqslant \left\|\sum_{k=1}^{n}(\alpha_k - r_k)e_k\right\| + \left\|\sum_{k=n+1}^{\infty}\alpha_k e_k\right\| \\ &\leqslant \sum_{k=1}^{n}|(\alpha_k - r_k)|\cdot||e_k|| + \frac{\varepsilon}{2} \\ &\leqslant \sum_{k=1}^{n}\frac{\varepsilon}{2^{k+1}} + \frac{\varepsilon}{2} < \varepsilon.\end{aligned}$$

这表明 A 在 X 中稠密. 所以 X 是可分的.

注 关于可分的 Banach 空间是否都具有 Schauder 基, 这是一个长期都没有解决的问题. 一般说来, 许多具体的可分 Banach 空间都具有 Schauder 基. 直到 1973 年, 数学家 Enflo 给出了一个没有基的可分 Banach 空间的反例, 从而给予该问题否定的回答.

2.3.2 有限维赋范线性空间

有限维赋范线性空间是结构最简单的一类具有基的 Banach 空间. 它是 Minkowski 在 1896 年引入的, 因此有限维赋范线性空间也称为 Minkowski 空间. 下面将对这类空间的基本性质作深入研究. 首先给出一个基本概念.

定义 2.3.4 设 X,Y 是两个赋范线性空间, $T: X\to Y$ 是线性映射, 若 T 既是同构映射又是同胚映射, 则称 T 为 X 到 Y 的**拓扑同构映射**, 称空间 X,Y**拓扑同构**.

拓扑同构是一种等价关系. 两个拓扑同构的赋范线性空间, 不仅线性结构相同, 而且拓扑结构也相同.

引理 2.3.1 设$(X,||\cdot||)$ 是 n 维赋范线性空间, $e_1,e_2,\cdots,e_n$ 是 X 的一组基, 则对任意的 $x=\sum\limits_{k=1}^{n}\alpha_k e_k$, 存在常数 $C_1,C_2>0$, 使得不等式

$$C_1\left(\sum_{k=1}^{n}|\alpha_k|^2\right)^{\frac{1}{2}} \leqslant ||x|| \leqslant C_2\left(\sum_{k=1}^{n}|\alpha_k|^2\right)^{\frac{1}{2}} \tag{2.3.2}$$

成立.

证　对任意 $\alpha=(\alpha_1,\alpha_2,\cdots,\alpha_n)\in K^n$, 定义函数

$$f(\alpha)=\left\|\sum_{k=1}^{n}\alpha_k e_k\right\|,$$

则 f 是 K^n 到 $\mathbf{R}$ 上的连续函数.

事实上, 对任意 $\alpha=(\alpha_1,\alpha_2,\cdots,\alpha_n)\in K^n$, $\beta=(\beta_1,\beta_2,\cdots,\beta_n)\in K^n$, 有

$$\begin{aligned}|f(\alpha)-f(\beta)|&=\left|\left\|\sum_{k=1}^{n}\alpha_k e_k\right\|-\left\|\sum_{k=1}^{n}\beta_k e_k\right\|\right|\\&\leqslant\left\|\sum_{k=1}^{n}\alpha_k e_k-\sum_{k=1}^{n}\beta_k e_k\right\|\leqslant\sum_{k=1}^{n}|\alpha_k-\beta_k|\cdot||e_k||\\&\leqslant\left(\sum_{k=1}^{n}|\alpha_k-\beta_k|^2\right)^{\frac{1}{2}}\left(\sum_{k=1}^{n}||e_k||^2\right)^{\frac{1}{2}}\\&\leqslant M\left(\sum_{k=1}^{n}|\alpha_k-\beta_k|^2\right)^{\frac{1}{2}},\end{aligned}$$

其中 $M=\left(\sum_{k=1}^{n}||e_k||^2\right)^{\frac{1}{2}}$.

令单位球

$$S=\left\{(\alpha_1,\alpha_2,\cdots,\alpha_n)\in K^n:\ \left(\sum_{k=1}^{n}|\alpha_k|^2\right)^{\frac{1}{2}}=1\right\},$$

则 S 显然是 K^n 中的紧集, 从而 f 在 S 上可达到上、下确界. 令

$$C_1=\inf\{f(\alpha):\alpha\in K^n\},\quad C_2=\sup\{f(\alpha):\alpha\in K^n\},$$

则 $C_1,C_2>0$. 任取 $\alpha\in K^n$, 由于 $\dfrac{\alpha}{||\alpha||}\in S$, 于是

$$C_1\leqslant f\left(\frac{\alpha}{||\alpha||}\right)\leqslant C_2,$$

即 $C_1||\alpha||\leqslant f(\alpha)\leqslant C_2||\alpha||$. 而 $f(\alpha)=\left\|\sum_{k=1}^{n}\alpha_k e_k\right\|=||x||$, 所以

$$C_1\left(\sum_{k=1}^{n}|\alpha_k|^2\right)^{\frac{1}{2}}\leqslant||x||\leqslant C_2\left(\sum_{k=1}^{n}|\alpha_k|^2\right)^{\frac{1}{2}}.$$

在同一个线性空间中定义不同的范数成为不同的赋范线性空间, 这些空间之间是否存在某种联系? 为此, 我们给出两个范数等价的定义.

定义 2.3.5 设 $\|\cdot\|_1$ 和 $\|\cdot\|_2$ 是线性空间 X 上的两个不同的范数. 若存在常数 $C>0$, 使得对任意 $x\in X$, 都有 $\|x\|_2\leqslant C\|x\|_1$, 则称范数 $\|\cdot\|_1$**强于**范数 $\|\cdot\|_2$(或称 $\|\cdot\|_2$**弱于**$\|\cdot\|_1$).

若存在常数 $C_1,C_2>0$, 使得对任意 $x\in X$, 都有

$$C_1\|x\|_1\leqslant\|x\|_2\leqslant C_2\|x\|_1,$$

则称范数 $\|\cdot\|_1$ 与范数 $\|\cdot\|_2$ 是**等价**的.

由引理 2.3.1 容易证明, 对于同一个有限维线性空间上定义的不同范数都是等价的. 这也是有限维线性空间比无限维线性空间更好的性质之一.

定理 2.3.2 在两个等价范数产生的赋范线性空间中, 点列 $\{x_n\}$ 收敛性相同.

推论 设 X 是一个线性空间, $\|\cdot\|_1$ 和 $\|\cdot\|_2$ 是 X 上定义的两个等价范数. 令 $\rho_1(x,y)=\|x-y\|_1$ 和 $\rho_2(x,y)=\|x-y\|_2$ 分别是 $\|\cdot\|_1$ 和 $\|\cdot\|_2$ 导出的距离, 则

(i) $\{x_n\}$ 在 (X,ρ_1) 中收敛于 x 当且仅当 $\{x_n\}$ 在 (X,ρ_2) 中收敛于 x;

(ii) $\{x_n\}$ 是 (X,ρ_1) 中的 Cauchy 列当且仅当 $\{x_n\}$ 是 (X,ρ_2) 中的 Cauchy 列;

(iii) (X,ρ_1) 是完备的当且仅当 (X,ρ_2) 是完备的.

定理 2.3.3 设 X 是 n 维赋范线性空间, 则 X 与 $\mathbf{R}^n$ 是拓扑同构的.

证 设 $\{e_1,e_2,\cdots,e_n\}$ 是 X 的一组基. 任取 $x=\sum\limits_{i=1}^{n}\xi_ie_i\in X$, 定义 $T:X\to\mathbf{R}^n$ 如下

$$Tx=(\xi_1,\xi_2,\cdots,\xi_n)\in\mathbf{R}^n.$$

显然, T 是一一映射, 且是线性同构的. 事实上, 任取 $x=\sum\limits_{i=1}^{n}\xi_ie_i$, $y=\sum\limits_{i=1}^{n}\eta_ie_i$, 对任意 $\alpha,\beta\in K$,

$$\begin{aligned}T(\alpha x+\beta y)&=T\left(\sum_{i=1}^{n}(\alpha\xi_i+\beta\eta_i)\,e_i\right)\\&=\alpha(\xi_1,\xi_2,\cdots,\xi_n)+\beta(\eta_1,\eta_2,\cdots,\eta_n)\\&=\alpha Tx+\beta Ty.\end{aligned}$$

下证 T 及 T^{-1} 的连续性. 由 T 的定义, 引理 2.3.1 中的 (2.3.2) 式变为

$$C_1\|Tx\|\leqslant\|x\|\leqslant C_2\|Tx\|.$$

因此, 当 $x_n\to\theta$ 时,

$$\|Tx_n\|\leqslant\frac{\|x_n\|}{C_1}\to 0.$$

又当 $Tx_n \to \theta$ 时, $\|x_n\| \leqslant C_2\|Tx_n\| \to 0$, 这说明 T 及 T^{-1} 都是连续的, 所以 X 与 $\mathbf{R}^n$ 拓扑同构.

推论　有限维赋范线性空间一定是 Banach 空间.

由定理 2.3.3 可知, 在拓扑同构的意义下, 有限维赋范线性空间只有一个, 即 $\mathbf{R}^n$. 有限维赋范线性空间所具有的性质, 如收敛性、完备性、稠密可分性、列紧及紧性等都与 $\mathbf{R}^n$ 是一致的. 由于 $\mathbf{R}^n$ 中集合的紧性与有界闭性是等价的. 利用这一性质, 可以研究有限维赋范线性空间的一个特征性质. 为此, 我们先引入如下的 Riesz 引理.

引理 2.3.2 (Riesz 引理)　设 X_0 是赋范线性空间 X 的闭线性真子空间, 则对于任意 ε: $0<\varepsilon<1$, 都存在 $x_\varepsilon \in X\backslash X_0$, 使得 $\|x_\varepsilon\| = 1$, 且对任意的 $x \in X_0$, 都满足

$$\|x_\varepsilon - x\| \geqslant \varepsilon.$$

证　由于 X_0 是 X 的真子空间, 故存在 $x_1 \in X\backslash X_0$. 令

$$d = \rho(x_1, X_0) = \inf_{x\in X_0} \|x_1 - x\|.$$

因 X_0 在 X 中是闭的, 故 $d>0$. 于是由下确界的定义, 任取 ε 满足 $0<\varepsilon<1$, 存在 $x_0 \in X_0$, 使得

$$d \leqslant \|x_1 - x_0\| < \frac{d}{\varepsilon}.$$

令$x_\varepsilon = \dfrac{x_1 - x_0}{\|x_1 - x_0\|}$, 则显然有 $\|x_\varepsilon\| = 1$. 设 x 是 X_0 中的任一元素, 由于 X_0 是线性子空间, $x_0 + \|x - x_0\|x \in X_0$, 于是

$$\begin{aligned}\|x_\varepsilon - x\| &= \left\|\frac{x_1}{\|x_1 - x_0\|} - \left(\frac{x_0}{\|x_1 - x_0\|} + x\right)\right\| \\ &= \frac{1}{\|x_1 - x_0\|}\|x_1 - (x_0 + \|x_1 - x_0\|x)\| \\ &\geqslant \frac{d}{\|x_1 - x_0\|} > \varepsilon.\end{aligned}$$

可以看出 x_ε 即为命题所求的元素.

引理 2.3.2 的几何意义: 如果 X_0 是赋范线性空间 X 的闭真子空间, 则一定在空间 X 的单位球面上存在着与 X_0 的距离 "无限接近" 于 1 的元素. 值得注意的是, 当 X 是有限维空间时, 这个与 X_0 的距离为 1 的元素一定存在, 但是, 若 X 是无限维空间, 与 X_0 的距离为 1 的元素在单位球面上却不一定存在.

由 Riesz 引理, 容易得到有限维赋范线性空间特征的刻画.

定理 2.3.4 赋范线性空间 X 是有限维的当且仅当 X 中任一有界闭集都是紧的.

证 必要性 设 $e_1, e_2, \cdots, e_n$ 是 X 的一组基, 则对任意的 $x \in X$, $x = \sum_{k=1}^{n} \alpha_k e_k$. 定义从 K^n 到 X 的算子 T:

$$T\alpha = \sum_{k=1}^{n} \alpha_k e_k.$$

显然 T 是线性同构的, 且由引理 2.3.1, 存在常数 $C_1, C_2 > 0$, 使得不等式

$$C_1 \left(\sum_{k=1}^{n} |\alpha_k|^2 \right)^{\frac{1}{2}} \leqslant ||T\alpha|| \leqslant C_2 \left(\sum_{k=1}^{n} |\alpha_k|^2 \right)^{\frac{1}{2}}.$$

从而 T 是 K^n 到 X 的连续算子, T^{-1} 是 X 到 K^n 的连续算子. 于是 T 是 K^n 到 X 的拓扑同构映射. 由于 K^n 中的有界闭集一定是紧集, 故 X 中的有界闭集也是紧集.

充分性 用反证法. 设 X 中的有界闭集是紧集, 但 X 是无限维的. 令 S 是 X 中的单位球面 $S = \{x : ||x|| = 1\}$, 则 S 是 X 中的紧集. 任取 $x_1 \in S$, 并令 X_1 表示由 x_1 所产生的闭子空间 (显然 X_1 是一维的); 由于 X 是无限维的, 故 X_1 是 X 的真闭子空间. 于是由 Riesz 引理, 存在 $x_2 \in S$, 使得 $||x_2 - x_1|| \geqslant \frac{1}{2}$; 再令 X_2 表示由 x_1 与 x_2 所产生的闭子空间, 它是 X 的真闭子空间, 从而存在 $x_3 \in S$, 使得 $||x_3 - x_i|| \geqslant \frac{1}{2}(i = 1, 2)$. 依此类推, 由于 X 是无限维的, 故在 S 中可取得一元素列 $\{x_k\}(k = 1, 2, \cdots)$, 使得 $||x_k - x_l|| \geqslant \frac{1}{2}(k \neq l)$. 显然 $\{x_k\}$ 有界但不存在收敛的子列, 这与 S 的紧性相矛盾. 所以 X 是有限维的.

定理 2.3.4 表明赋范线性空间为有限维空间的特征性质. 对于无限维空间则未必成立. 例如, 定理 2.3.4 的充分性证明过程表明, 无限维赋范线性空间中单位球面 $S = \{x : ||x|| = 1\}$ 不是紧集, 这是有限维空间和无限维空间的本质区别.

如果赋范线性空间 X 的任一有界闭集是紧的, 则称 X 是**局部紧的**.

习 题 2

1. 对任意的线性空间 X, 是否一定可以定义范数 $||\cdot||$, 使得 $(X, ||\cdot||)$ 成为赋范线性空间?

2. 证明 $A = \{x \in C[0,1] : x = x(t) \geqslant 0,\ t \in [0,1]\}$ 是连续函数空间 $C[0,1]$ 中的闭凸集.

3. 设 c 为一切收敛数列组成的集, 线性运算与 l^p 的相同, 在 c 中定义范数如下:

$$||x|| = \sup_{n\geqslant 1}|\xi_n|,$$

其中 $x=\{\xi_1,\xi_2,\cdots,\xi_n,\cdots\}\in c$. 证明 c 按照 $||\cdot||$ 是可分的 Banach 空间.

4. 设 l^∞ 为一切有界数列组成的集, 线性运算与 l^p 的相同, 在 l^∞ 中定义范数如下:

$$||x|| = \sup_{n\geqslant 1}|\xi_n|,$$

其中 $x=\{\xi_1,\xi_2,\cdots,\xi_n,\cdots\}\in l^\infty$. 证明 l^∞ 按照 $||\cdot||$ 是不可分的 Banach 空间.

5. 设 $V[a,b]$ 为定义在 $[a,b]$ 上的有界变差函数的全体, 其线性运算与 $C[a,b]$ 的相同. 在 $V[a,b]$ 中定义范数如下:

$$||x|| = |x(a)| + \overset{b}{\underset{a}{V}}(x), \quad x\in V[a,b].$$

证明 $V[a,b]$ 按照 $||\cdot||$ 是不可分的 Banach 空间.

6. 设 $A[a,b]$ 为定义在 $[a,b]$ 上的绝对连续函数全体, 其线性运算与 $C[a,b]$ 的相同. 在 $A[a,b]$ 中定义范数如下:

$$||x|| = |x(a)| + \int_a^b |x'(t)|\,\mathrm{d}t, \quad x\in A[a,b].$$

证明 $A[a,b]$ 按照 $||\cdot||$ 是可分的 Banach 空间.

7. 设 M_0 为 $[a,b]$ 上有界函数的全体, 线性运算与 $C[a,b]$ 的相同. 在 M_0 中定义范数如下:

$$||x|| = \sup_{a\leqslant t\leqslant b}|x(t)|.$$

证明 M_0 是不可分的 Banach 空间.

8. 证明定理 2.2.3.

9. 对于不同的 p,q(其中 p,q 为相伴数), l^p 与 l^q 有什么关系?

10. 证明赋范线性空间 X 的子集 A 有界的充要条件是存在一个正数 M, 使得对任意的 $x\in A$, $||x||\leqslant M$.

11. 设 $(X,||\cdot||)$ 是赋范线性空间, 则 $(X,||\cdot||)$ 是 Banach 空间的充要条件为 X 的每一个绝对收敛级数都收敛.

12. 设 $X_1,X_2,\cdots,X_n$ 是赋范线性空间, $X=X_1\times X_2\times\cdots\times X_n$. 证明 X 按照下面定义的范数均是赋范线性空间:

$$\begin{aligned}
||x|| &= ||x_1||+||x_2||+\cdots+||x_n||,\\
||x||_1 &= \max\{||x_1||,||x_2||,\cdots,||x_n||\},\\
||x||_2 &= \left(\sum_{i=1}^n ||x_i||^2\right)^{\frac{1}{2}}.
\end{aligned}$$

若 $X_1,X_2,\cdots,X_n$ 都是 Banach 空间, 证明 X 按上述三种范数都是 Banach 空间.

13. 设 X 是赋范线性空间, L 是 X 的真闭子空间, 证明 L 在 X 中稀疏.

14. 证明: 在赋范线性空间中, 任何收敛点列都是基本点列, 任何基本点列都是有界的.

15. 设 $X_1, X_2, \cdots$ 是一列 Banach 空间, $x = \{x_1, x_2, \cdots, x_n, \cdots\}$ 是一列元素, 其中 $x_n \in X_n, n = 1, 2, \cdots$, 并且 $\sum\limits_{n=1}^{\infty} ||x_n||^p < \infty$, 这种元素列的全体记成 X, 类似通常数列的加法和数乘, 在 X 中引入线性运算. 若令

$$||x|| = \left(\sum_{n=1}^{\infty} ||x_n||^p\right)^{\frac{1}{p}},$$

证明当 $p \geqslant 1$ 时, X 是 Banach 空间.

16. 设 X 为 n 维赋范线性空间, X_0 是 X 的真闭子空间, 试证明存在 $x_0 \in X$, 使得 $||x_0|| = 1$ 以及

$$\rho(x_0, X_0) = \inf_{x \in X_0} ||x_0 - x|| = 1.$$

17. 设 X 是 Banach 空间, $A \subset X$ 为闭子集, $B \subset X$ 为紧子集, 试证明

$$A + B = \{x + y \colon x \in A, y \in B\}$$

是闭的.

18. 在 $C[0,1]$ 中, 对每个 $x \in C[0,1]$, 令

$$||x||_1 = \left(\int_0^1 |x(t)|^2 \mathrm{d}t\right)^{\frac{1}{2}},$$

$$||x||_2 = \left(\int_0^1 (1+t)|x(t)|^2 \mathrm{d}t\right)^{\frac{1}{2}}.$$

证明: $||\cdot||_1$ 和 $||\cdot||_2$ 是 $C[0,1]$ 上的两个等价范数.

19. 在 Riesz 引理中, 若取 $\varepsilon = 1$, 则一定存在 $||x_\varepsilon|| = 1$, 使得 $||x_\varepsilon - x|| \geqslant \varepsilon$, 对所有的 $x \in X_0$ 都成立吗?

20. 设 $C(T)$ 是紧度量空间 T 上复值连续函数全体, 对任意的 $x \in C(T)$,

$$||x|| = \max_{t \in T} |x(t)|, \quad M \subset C(T),$$

证明: M 是 $C(T)$ 中相对紧集的充要条件是

(1) 存在常数 C, 使得对任意的 $x \in M$, 有 $||x|| \leqslant M$;

(2) 对任意 $\varepsilon > 0$, 存在 $\delta > 0$, 使得对任意的 $x \in M$, 当 $\rho(t_1, t_2) < \delta$ 时, 有

$$|x(t_1) - x(t_2)| < \varepsilon.$$

21. 证明在数学分析中, 迭代 $x_n = g(x_{n-1})$ 收敛的一个充分条件是 $g(x)$ 有连续导数, 且 $|g'(x)| \leqslant 1$.

第3章　内积空间

在解析几何中，借助向量的内积，不仅可以定义向量的长度及向量间的夹角，还可以给出向量的正交 (垂直) 及投影等概念. 为了把这些概念推广到一般的赋范线性空间中，首先需将内积概念抽象化，拓广到更一般的情形，再给出正交及其他相关概念. 完备的内积空间称为 Hilbert 空间. Hilbert 空间作为一类特殊的 Banach 空间，是有限维欧氏空间的推广，其许多几何性质与欧氏空间相类似，具有一般 Banach 空间无法比拟的几何性质. 它在量子力学、微分方程理论及最优化理论等学科中都有极其重要的应用.

3.1　内积空间的基本概念与性质

3.1.1　内积空间的基本概念

定义 3.1.1　设 U 是实 (或复) 数域 K 上的线性空间，若存在映射 $(\cdot,\cdot)$: $U\times U\to K$，使得对任意 $x,y,z\in U$，$\alpha,\beta\in K$，满足

(i) **非负性**　$(x,x)\geqslant 0,(x,x)=0$ 当且仅当 $x=\theta$;

(ii) **共轭对称性**　$(x,y)=\overline{(y,x)}$;

(iii) **第一变元的线性性**　$(\alpha x+\beta y,z)=\alpha(x,z)+\beta(y,z)$,

则称 U 为实 (或复)**内积空间**，(x,y) 称为元素 x 与 y 的**内积**.

利用内积的定义，很容易得到以下结论:

(1) 当 x 与 y 中有一个为 θ 时，$(x,y)=0$.

(2) 内积关于第二变元是共轭线性的，即对任意 $x,y,z\in U$，$\alpha,\beta\in K$，有

$$(x,\alpha y+\beta z)=\bar{\alpha}(x,y)+\bar{\beta}(x,z).$$

事实上，利用共轭对称性可得

$$(x,\alpha y+\beta z)=\overline{(\alpha y+\beta z,x)}=\overline{\alpha(y,x)}+\overline{\beta(z,x)}=\overline{\alpha}(x,y)+\overline{\beta}(x,z).$$

定理 3.1.1 (Schwarz 不等式)　设 U 是内积空间，若令

$$||x||=\sqrt{(x,x)},\quad x\in U,\tag{3.1.1}$$

则对任意 $x,y\in U$，有

$$|(x,y)|\leqslant ||x||\cdot||y||.$$

证 若 $y=\theta$ 时, 显然成立.

若 $y\neq\theta$, 则对任意复数 λ, 有

$$0\leqslant(x+\lambda y,x+\lambda y)=(x,x)+\overline{\lambda}(x,y)+\lambda(y,x)+|\lambda|^2(y,y).$$

令 $\lambda=-\dfrac{(x,y)}{(y,y)}$, 则有

$$(x,x)-\frac{\overline{(x,y)}(x,y)}{(y,y)}-\frac{(x,y)(y,x)}{(y,y)}+\frac{|(x,y)|^2}{(y,y)}\geqslant 0.$$

从而

$$|(x,y)|^2\leqslant(x,x)\cdot(y,y),$$

于是 $|(x,y)|\leqslant||x||\cdot||y||$.

利用 Schwarz 不等式可证明, 任意内积空间都可以定义范数使之成为赋范线性空间.

定理 3.1.2 内积空间 U 按 (3.1.1) 式定义的范数是一个赋范线性空间. 称 $||\cdot||$ 是由 U 的**内积导出的范数**.

证 下证按 (3.1.1) 定义的 $||\cdot||$ 满足范数三条公理. 事实上,

(i) $||x||\geqslant 0$, 若 $||x||=0$, 则 $(x,x)=0$, 当且仅当 $x=\theta$;

(ii) $||\alpha x||=\sqrt{(\alpha x,\alpha x)}=\sqrt{|\alpha|^2(x,x)}=|\alpha|\cdot||x||$;

(iii) 由 Schwarz 不等式,

$$\begin{aligned}||x+y||^2&=|(x+y,x+y)|\leqslant|(x+y,x)|+|(x+y,y)|\\&\leqslant||x+y||\cdot||x||+||x+y||\cdot||y||,\end{aligned}$$

故 $||x+y||\leqslant||x||+||y||$.

因此内积空间一定是赋范线性空间, 具有一般赋范线性空间的所有性质, 如序列的收敛和子集的列紧性、完备性等.

定义 3.1.2 如果内积空间 U 作为赋范线性空间是完备的, 则称 U 为 **Hilbert 空间**.

下面介绍几个常见的 Hilbert 空间.

例 3.1.1 n 维欧氏空间 $\mathbf{R}^n$ 是 Hilbert 空间.

对任意 $x=(\xi_1,\xi_2,\cdots,\xi_n)$, $y=(\eta_1,\eta_2,\cdots,\eta_n)\in\mathbf{R}^n$, 定义

$$(x,y)=\sum_{k=1}^{n}\xi_k\eta_k.$$

容易验证, $(\cdot,\cdot)$ 是一个内积, 且由这个内积导出的范数为

$$||x|| = \left(\sum_{k=1}^{n} |\xi_k|^2\right)^{\frac{1}{2}}.$$

按照此范数, $\mathbf{R}^n$ 是完备的赋范线性空间, 因此 $\mathbf{R}^n$ 是 Hilbert 空间.

类似于 $\mathbf{R}^n$, 我们也可以在复欧氏空间 $\mathbf{C}^n$ 中, 定义

$$(x,y) = \sum_{k=1}^{n} \xi_k \overline{\eta}_k,$$

其中 $x = (\xi_1, \xi_2, \cdots, \xi_n)$, $y = (\eta_1, \eta_2, \cdots, \eta_n) \in \mathbf{C}^n$, 可以验证 $(\cdot,\cdot)$ 是一个内积, 且由这个内积导出的范数为

$$||x|| = \left(\sum_{k=1}^{n} |\xi_k|^2\right)^{\frac{1}{2}}.$$

因此, $\mathbf{C}^n$ 是 Hilbert 空间.

例 3.1.2 空间 l^2 是 Hilbert 空间.

对任意 $x = \{\xi_1, \xi_2, \cdots\}$, $y = \{\eta_1, \eta_2, \cdots\} \in l^2$, 由离散情形的 Schwarz 不等式

$$\sum_{k=1}^{\infty} |\xi_k \overline{\eta}_k| \leqslant \left(\sum_{k=1}^{\infty} |\xi_k|^2\right)^{\frac{1}{2}} \left(\sum_{k=1}^{\infty} |\eta_k|^2\right)^{\frac{1}{2}}$$

可知级数 $\sum\limits_{k=1}^{\infty} \xi_k \overline{\eta}_k$ 绝对收敛. 定义

$$(x,y) = \sum_{k=1}^{\infty} \xi_k \overline{\eta}_k.$$

下证上式定义的 $(\cdot,\cdot)$ 是空间 l^2 的内积. 事实上,

(i) $(x,x) = \sum\limits_{k=1}^{\infty} |\xi_k|^2 \geqslant 0$, $(x,x) = 0$ 当且仅当 $x = \theta$ 显然成立;

(ii) $(x,y) = \sum\limits_{k=1}^{\infty} \xi_k \overline{\eta}_k = \overline{\sum\limits_{k=1}^{\infty} \eta_k \overline{\xi}_k} = \overline{(y,x)}$;

(iii)

$$\begin{aligned}(\alpha x + \beta y, z) &= \sum_{k=1}^{\infty} (\alpha \xi_k + \beta \eta_k) \cdot \overline{\zeta}_k \\ &= \alpha \sum_{k=1}^{\infty} \xi_k \overline{\zeta}_k + \beta \sum_{k=1}^{\infty} \eta_k \overline{\zeta}_k \\ &= \alpha(x,z) + \beta(y,z).\end{aligned}$$

由上述内积 $(\cdot,\cdot)$ 导出的范数为

$$||x|| = \left(\sum_{k=1}^{\infty}|\xi_k|^2\right)^{\frac{1}{2}}.$$

在此范数下, 空间 l^2 是完备的赋范线性空间, 因此 l^2 是一个 Hilbert 空间.

例 3.1.3 空间 $L^2[a,b]$ 是 Hilbert 空间.

对任意 $x,y\in L^2[a,b]$, 由积分情形的 Schwarz 不等式可得

$$\int_{[a,b]}|x(t)\overline{y(t)}|\mathrm{d}t \leqslant \left(\int_{[a,b]}|x(t)|^2\mathrm{d}t\right)^{\frac{1}{2}}\left(\int_{[a,b]}|y(t)|^2\mathrm{d}t\right)^{\frac{1}{2}} < +\infty.$$

可在 $L^2[a,b]$ 上定义

$$(x,y) = \int_{[a,b]}x(t)\overline{y(t)}\,\mathrm{d}t.$$

容易验证, $(\cdot,\cdot)$ 满足内积的全部条件, 因此 $L^2[a,b]$ 是一个内积空间. 由其内积导出的范数为

$$||x|| = \sqrt{(x,x)} = \left(\int_{[a,b]}|x(t)|^2\mathrm{d}t\right)^{\frac{1}{2}},$$

在此范数下, $L^2[a,b]$ 是完备的赋范线性空间, 因此它是一个 Hilbert 空间.

3.1.2 内积空间的基本性质

定理 3.1.3 设 U 是内积空间, 则内积 (x,y) 是关于 x 和 y 的二元连续泛函, 即当 $x_n\to x$, $y_n\to y$ 时, $(x_n,y_n)\to(x,y)(n\to\infty)$.

证 由 Schwarz 不等式, 得

$$\begin{aligned}|(x_n,y_n)-(x,y)| &\leqslant |(x_n,y_n)-(x,y_n)|+|(x,y_n)-(x,y)|\\ &= |(x_n-x,y_n)|+|(x,y_n-y)|\\ &\leqslant ||x_n-x||\cdot||y_n||+||x||\cdot||y_n-y||.\end{aligned}$$

因此当 $n\to\infty$ 时, 由已知, $\{||y_n||\}$ 有界, 所以 $(x_n,y_n)\to(x,y)(n\to\infty)$.

内积与其导出的范数有下列基本关系.

定理 3.1.4 设 U 是内积空间, 则对任意 $x,y\in U$, 有以下**极化恒等式**成立: 当 U 是实空间时,

$$(x,y) = \frac{1}{4}(\,||x+y||^2-||x-y||^2); \tag{3.1.2}$$

当 U 是复空间时,

$$(x,y) = \frac{1}{4}(\,||x+y||^2-||x-y||^2+\mathrm{i}||x+\mathrm{i}y||^2-\mathrm{i}||x-\mathrm{i}y||^2). \tag{3.1.3}$$

证 由 $||x|| = \sqrt{(x,x)}$, 则

$$||x+y||^2 = (x,x)+(x,y)+(y,x)+(y,y), \tag{3.1.4}$$

$$||x-y||^2 = (x,x)-(x,y)-(y,x)+(y,y). \tag{3.1.5}$$

(3.1.4) 式减 (3.1.5) 式, 得

$$||x+y||^2 - ||x-y||^2 = 2(x,y)+2(y,x). \tag{3.1.6}$$

若 U 是实空间时, 则 (3.1.2) 式成立.

若 U 是复空间时, 将 (3.1.6) 式中 y 换为 $\mathrm{i}y$ 得

$$||x+\mathrm{i}y||^2 - ||x-\mathrm{i}y||^2 = 2(x,\mathrm{i}y)+2(\mathrm{i}y,x). \tag{3.1.7}$$

(3.1.6) 式加 i(3.1.7) 式, 可得

$$||x+y||^2 - ||x-y||^2 + \mathrm{i}||x+\mathrm{i}y||^2 - \mathrm{i}||x-\mathrm{i}y||^2 = 4(x,y),$$

这样 (3.1.3) 式得证.

利用极化恒等式, 可以将关于范数的一些结论转化为关于内积的结论, 反之亦然. 由范数与内积的关系, 结合定理 3.1.2, 我们自然要问对任一赋范线性空间, 它的范数应具有什么样的特征, 才能成为内积空间, 而且范数 $||\cdot||$ 可以由其相应的内积导出? 为了研究这一问题, 先证明下面的引理.

引理 3.1.1 设 $f(\cdot)$ 是定义在 $\mathbf{R}$ 上的连续实函数, 且对任意的 $\alpha_1, \alpha_2 \in \mathbf{R}$, 有

$$f(\alpha_1+\alpha_2) = f(\alpha_1)+f(\alpha_2),$$

则对任何 $\alpha \in \mathbf{R}$, $f(\alpha) = \alpha f(1)$ 成立.

证 由假设, 对任何自然数 n 及任何实数 α, 有

$$f(n\alpha) = nf(\alpha).$$

取 $\alpha = \dfrac{1}{n}$, 得到

$$f(1) = nf\left(\frac{1}{n}\right) \quad 或 \quad f\left(\frac{1}{n}\right) = \frac{1}{n}f(1).$$

于是对任何正有理数 $\dfrac{n}{m}$, 有

$$f\left(\frac{n}{m}\right) = \frac{n}{m}f(1).$$

又 $f(0) = f(2\cdot 0) = 2f(0)$, 故$f(0) = 0$. 由 $f(\alpha)+f(-\alpha) = f(0) = 0$ 知, $f(-\alpha) =$

$-f(\alpha)$. 于是对任何有理数 $\dfrac{n}{m}$, 有

$$f\left(\frac{n}{m}\right)=\frac{n}{m}f(1).$$

对任一实数 α, 存在有理点列 $\{r_n\}$, 使得 $r_n\to\alpha$. 因为 f 在 $\mathbf{R}$ 上连续, 所以 $f(r_n)\to f(\alpha)$. 又 $f(r_n)=r_nf(1)$, 故 $f(\alpha)=\alpha f(1)$.

定理 3.1.5 设 U 是内积空间, 则由 U 的内积导出的范数 $||\cdot||$ 满足

$$||x+y||^2+||x-y||^2=2||x||^2+2||y||^2,\quad x,y\in U. \tag{3.1.8}$$

反之, 设 U 是赋范线性空间, 若 U 的范数满足上式, 则在 U 中可定义内积 $(\cdot,\cdot)$, 使得 U 成为内积空间, 且 $||\cdot||$ 就是由内积 $(\cdot,\cdot)$ 导出. (3.1.8) 式称为**中线公式**或**平行四边形公式**.

证 首先, 设 U 是内积空间, 由内积空间的定义与性质, 有

$$\begin{aligned}&||x+y||^2+||x-y||^2\\=&(x+y,x+y)+(x-y,x-y)\\=&(x,x+y)+(y,x+y)+(x,x-y)+(-y,x-y)\\=&[(x,x+y)+(x,x-y)]+[(y,x+y)-(y,y-x)]\\=&(x,2x)+(y,2y)=2(x,x)+2(y,y)\\=&2||x||^2+2||y||^2.\end{aligned}$$

其次, 当 U 是实赋范线性空间时,

$$(x,y)=\frac{1}{4}(\,||x+y||^2-||x-y||^2).$$

容易证明上式定义的 $(\cdot,\cdot)$ 满足内积的全部条件.

当 U 是复赋范线性空间时,

$$(x,y)=\frac{1}{4}(\,||x+y||^2-||x-y||^2+\mathrm{i}||x+\mathrm{i}y||^2-\mathrm{i}||x-\mathrm{i}y||^2),\quad x,y\in U.$$

下面验证上式定义的 $(\cdot,\cdot)$ 满足内积的全部条件. 对任意的 $x,y,z\in U$, 由 (3.1.8) 知

$$\begin{aligned}\left\|\frac{x+y}{2}+z\right\|^2&=\left\|\frac{x+z}{2}+\frac{y+z}{2}\right\|^2\\&=2\left\|\frac{x+z}{2}\right\|^2+2\left\|\frac{y+z}{2}\right\|^2-\left\|\frac{x-y}{2}\right\|^2\\&=\frac{1}{2}\left(||x+z||^2+||y+z||^2\right)-\frac{1}{4}||x-y||^2.\end{aligned}$$

故有

$$\begin{aligned}&(x,z)+(y,z)\\=&\frac{1}{4}(\|x+z\|^2-\|x-z\|^2+\mathrm{i}\|x+\mathrm{i}z\|^2-\mathrm{i}\|x-\mathrm{i}z\|^2)\\&+\frac{1}{4}(\|y+z\|^2-\|y-z\|^2+\mathrm{i}\|y+\mathrm{i}z\|^2-\mathrm{i}\|y-\mathrm{i}z\|^2)\\=&\frac{1}{2}\left(\left\|\frac{x+y}{2}+z\right\|^2-\left\|\frac{x+y}{2}-z\right\|^2\right)+\frac{\mathrm{i}}{2}\left(\left\|\frac{x+y}{2}+\mathrm{i}z\right\|^2-\left\|\frac{x+y}{2}-\mathrm{i}z\right\|^2\right)\\=&2\left(\frac{x+y}{2},\,z\right).\end{aligned}\tag{3.1.9}$$

上式中令 $y=\theta$, 则可得

$$(x,\,z)=2\left(\frac{x}{2},\,z\right),$$

将上式中的 x 换成 $x+y$, 有

$$(x+y,\,z)=2\left(\frac{x+y}{2},\,z\right),$$

与 (3.1.9) 式比较, 可得

$$(x,z)+(y,z)=(x+y,z).\tag{3.1.10}$$

现令 $f(\alpha)=(\alpha x,y),\alpha\in\mathbf{R}$. 由 (3.1.10) 式可知, 对任意两个实数 α_1,α_2, 有 $f(\alpha_1+\alpha_2)=f(\alpha_1)+f(\alpha_2)$. 再由定理 3.1.3 可知, (x,y) 关于 x 连续, 故 f 连续, 则由引理 3.1.1, 对任何实数 α, $f(\alpha)=\alpha f(1)$. 因此

$$(\alpha x,y)=\alpha(x,y).\tag{3.1.11}$$

由性质 $\|\mathrm{i}x\|=\|x\|$ 可知

$$\begin{aligned}(\mathrm{i}x,y)&=\frac{1}{4}(\|\mathrm{i}x+y\|^2-\|\mathrm{i}x-y\|^2+\mathrm{i}\|\mathrm{i}x+\mathrm{i}y\|^2-\mathrm{i}\|\mathrm{i}x-\mathrm{i}y\|^2)\\&=\frac{1}{4}(\|x-\mathrm{i}y\|^2-\|x+\mathrm{i}y\|^2+\mathrm{i}\|x+y\|^2-\mathrm{i}\|x-y\|^2)\\&=\frac{\mathrm{i}}{4}(\|x+y\|^2-\|x-y\|^2+\mathrm{i}\|x+\mathrm{i}y\|^2-\mathrm{i}\|x-\mathrm{i}y\|^2)\\&=\mathrm{i}(x,y).\end{aligned}$$

于是当 α 是复数时, (3.1.11) 仍成立. 结合 (3.1.10) 和 (3.1.11), 可知内积的条件 (iii) 满足.

对任意的 $x,y\in U$,

$$(y,x)=\frac{1}{4}(\,||y+x||^2-||y-x||^2+\mathrm{i}||y+\mathrm{i}x||^2-\mathrm{i}||y-\mathrm{i}x||^2)$$

$$=\frac{1}{4}(\,||x+y||^2-||x-y||^2+\mathrm{i}||x-\mathrm{i}y||^2-\mathrm{i}||x+\mathrm{i}y||^2),$$

故有 $(x,y)=\overline{(y,x)}$, 因此内积的条件 (ii) 成立. 又内积的条件 (i) 显然成立, 因此 U 按照 (3.1.3) 定义的内积是一个内积空间, 且由 $(x,x)=||x||^2$ 可知 $||\cdot||$ 就是由内积导出的范数.

在 $\mathbf{R}^2$ 中, (3.1.8) 式有一个简单的几何解释, 它表示任一平行四边形的两对角线长度平方之和等于四条边长度平方之和, 所以称它为平行四边形公式. 定理 3.1.5 表明, 平行四边形公式是赋范线性空间成为内积空间的充要条件, 并非任一赋范线性空间都是内积空间. 因此, 范数满足平行四边形公式是内积空间的一个特征性质.

例 3.1.4 空间 $l^p(p\neq 2)$ 按照范数 $||x||=\left(\sum\limits_{k=1}^{\infty}|\xi_k|^p\right)^{\frac{1}{p}}$ 不是内积空间.

取 $x=\{1,1,0,0,\cdots\}$, $y=\{1,-1,0,0,\cdots\}\in l^p$, 则

$$||x||=||y||=2^{\frac{1}{p}},\quad ||x+y||=||x-y||=2.$$

由于 $p\neq 2$, 故

$$||x+y||^2+||x-y||^2\neq 2||x||^2+2||y||^2.$$

所以 l^p 的范数不能由内积导出, 从而 $l^p(p\neq 2)$ 不是内积空间.

例 3.1.5 $C[a,b]$ 按照范数 $||x||=\max\limits_{t\in[a,b]}|x(t)|$ 不是内积空间.

在 $C[a,b]$ 中, 取 $x(t)=1$, $y(t)=\dfrac{t-a}{b-a}$, 则 $||x||=||y||=1$. 又

$$x(t)+y(t)=1+\frac{t-a}{b-a},$$

$$x(t)-y(t)=1-\frac{t-a}{b-a}=\frac{b-t}{b-a},$$

故有 $||x+y||=2$, $||x-y||=1$. 从而

$$||x+y||^2+||x-y||^2=5,\quad 2||x||^2+2||y||^2=4.$$

于是 $||\cdot||$ 不满足平行四边形公式, 从而 $C[a,b]$ 按范数 $||x||=\max\limits_{t\in[a,b]}|x(t)|$ 不是一内积空间.

然而, 若在 $C[a,b]$ 中定义范数

$$||x|| = \left(\int_{[a,b]} |x(t)|^2 \mathrm{d}t\right)^{\frac{1}{2}},$$

则 $C[a,b]$ 成为内积空间, 其内积为

$$(x,y) = \int_{[a,b]} x(t)\overline{y(t)}\,\mathrm{d}t.$$

此时范数 $||\cdot||$ 可由内积 (x,y) 导出, 但 $C[a,b]$ 按照此范数不完备, 故不是 Hilbert 空间.

内积空间既有完备的, 也有不完备的. 作为距离空间和赋范线性空间的特例, 任一内积空间都可以完备化, 即不完备的内积空间 U 可以完备化为一个 Hilbert 空间 H, 且 U 等距同构于 H 中的一个稠密子集.

3.2 Hilbert 空间中的正交分解定理

正交分解定理是 Hilbert 空间的基本定理之一. 区别于一般 Banach 空间, Hilbert 空间是几何性质最丰富的空间, 原因之一就在于它有正交分解定理.

3.2.1 正交

在内积空间中, 我们可以定义类似于 n 维欧氏空间的正交概念.

定义 3.2.1　设 U 为内积空间, $x,y\in U$, 若 $(x,y)=0$, 则称 x 与 y**正交**, 记为 $x\perp y$.

定理 3.2.1 (勾股定理)　设 U 中的元素 x,y,z, $x\perp y$, $z=x+y$, 则

$$||z||^2 = ||x||^2 + ||y||^2.$$

证　由 $z=x+y$ 可知

$$\begin{aligned}||z||^2 &= (x+y,x+y)\\ &= (x,x+y)+(y,x+y)\\ &= (x,x)+(x,y)+(y,x)+(y,y).\end{aligned}$$

因为 $x\perp y$, 所以 $||z||^2 = ||x||^2 + ||y||^2$.

注　定理 3.2.1 可以推广到有限维的勾股定理, 即若 U 中的元素 $x_1,x_2,\cdots,x_n$ 两两正交, 记 $x=x_1+x_2+\cdots+x_n$, 则

$$||x||^2 = ||x_1||^2 + ||x_2||^2 + \cdots + ||x_n||^2.$$

定义 3.2.2 设 U 为内积空间, M 是 U 的一个子集, $x \in U$. 若 x 与 M 内的任一元素正交, 则称 x 与 M**正交**, 记为 $x \perp M$.

定义 3.2.3 设 U 为内积空间, $M, N \subset U$, 如果对任意 $x \in M, y \in N$, 有 $x \perp y$, 则称 M 与 N**正交**, 记为 $M \perp N$. U 中所有与 M 正交的元素构成的集称为 M 的**正交补**, 记为 $M^{\perp}$.

正交补是内积空间中的一个重要概念. 由定义可得到以下结果.

定理 3.2.2 设 U 为内积空间, $M, N \subset U$, 则

(i) $M \cap M^{\perp} = \{\theta\}$;

(ii) 若 $M \subset N$, 则 $N^{\perp} \subset M^{\perp}$;

(iii) 正交补 $M^{\perp}$ 是 U 的闭子空间;

(iv) 设 M 是内积空间 U 的线性子空间, 则 $x \in M^{\perp}$ 当且仅当对任意 $y \in M$, 有

$$||x - y||^2 \geqslant ||x||^2.$$

证 (i) 和 (ii) 显然成立.

(iii) 先证 $M^{\perp}$ 是线性子空间. 对任意 $x, y \in M^{\perp}, \alpha, \beta \in K, z \in M$, 由于

$$(\alpha x + \beta y, z) = \alpha(x, z) + \beta(y, z) = 0,$$

所以 $\alpha x + \beta y \in M^{\perp}$.

再证 $M^{\perp}$ 是闭集. 任取 $x \in \overline{M^{\perp}}$, 则存在点列 $\{x_n\} \subset M^{\perp}$, 使得 $x_n \to x(n \to \infty)$. 对任意 $z \in M$, 可得 $(x_n, z) = 0$. 由内积的连续性, 得

$$(z, x) = \lim_{n \to \infty} (z, x_n) = 0,$$

所以 $x \in M^{\perp}$, 即 $\overline{M^{\perp}} \subset M^{\perp}$, 说明 $M^{\perp}$ 是闭集.

(iv) **必要性** 由于 $x \in M^{\perp}$, $y \in M$, 则由勾股定理知

$$||x - y||^2 = ||x||^2 + ||y||^2 \geqslant ||x||^2.$$

充分性 设 M 是内积空间 U 的线性子空间, 则对任意 $t \neq 0 (t \in \mathbf{R})$, $ty \in M$, 从而

$$||x - ty||^2 \geqslant ||x||^2. \tag{3.2.1}$$

根据内积的定义,

$$\begin{aligned} ||x - ty||^2 &= (x - ty, x - ty) \\ &= ||x||^2 - t(x, y) - t(y, x) + t^2 ||y||^2. \end{aligned}$$

于是

$$-2t\text{Re}(x,y)+t^2||y||^2 \geqslant 0,$$

故

$$2t\text{Re}(x,y)\leqslant t^2||y||^2.$$

从而对任意 $t>0$, 可得 $\text{Re}(x,y)\leqslant \frac{1}{2}t||y||^2$. 由 t 的任意性知 $\text{Re}(x,y)\leqslant 0$. 而对任意 $t<0$, 有 $\text{Re}(x,y)\geqslant \frac{1}{2}t||y||^2$. 由 t 的任意性, 可得 $\text{Re}(x,y)\geqslant 0$, 故 $\text{Re}(x,y)=0$.

同样地, 在 (3.2.1) 式以 it 代替 t, 可得 $\text{Im}(x,y)=0$. 所以 $(x,y)=0$, 即 $x\perp y$.

3.2.2 变分引理

定义 3.2.4 设 M 是内积空间 U 的一个子集, $x\in U$ 为给定的元素, 如果 M 中存在元素 y 使得

$$||x-y||=\inf_{z\in M}||x-z||,$$

则称 y 是 x 在 U 中的一个**最佳逼近元**.

既凸又闭的集称为**凸闭集**.

下面给出 Hilbert 空间中一个基本引理, 它在微分方程、现代控制论、逼近论中都有重要的应用.

定理 3.2.3 (变分引理) 设 M 是 Hilbert 空间 H 中的凸闭集, 则 H 中任一元素 x 在 M 中存在唯一的最佳逼近元.

证 先证存在性. 令

$$\alpha=\inf_{z\in M}||x-z||,$$

则由下确界定义知, 存在点列 $\{y_n\}\subset M$, 使得 $||x-y_n||\to\alpha(n\to\infty)$. 由于 M 是凸集, 故 $\frac{y_n+y_m}{2}\in M$, 于是

$$\left\|x-\frac{y_n+y_m}{2}\right\|\geqslant\alpha.$$

在平行四边形公式中将 x 换成 y_m-x, y 换成 $x-y_n$, 得到

$$\begin{aligned}||y_m-y_n||^2&=||y_m-x+x-y_n||^2\\&=2||y_m-x||^2+2||x-y_n||^2-||y_m-2x+y_n||^2\\&=2||y_m-x||^2+2||y_n-x||^2-4\left\|x-\frac{y_n+y_m}{2}\right\|^2\\&\leqslant 2||y_m-x||^2+2||y_n-x||^2-4\alpha^2.\end{aligned}$$

当 $m,n\to\infty$ 时, $||y_m-x||\to\alpha$, $||y_n-x||\to\alpha$, 所以有 $||y_m-y_n||^2\to 0$. 因此 $\{y_n\}$ 是 M 中的 Cauchy 列. 由 M 的完备性可知, 存在 $y\in M$, 使得 $y_n\to y(n\to\infty)$. 又因为范数是连续的, 所以

$$||x-y||=\lim_{n\to\infty}||x-y_n||=\alpha.$$

可见 y 是 x 在 M 中的最佳逼近元.

再证唯一性. 设 y' 也是 x 在 M 中的最佳逼近元. 由平行四边形公式, 有

$$\begin{aligned}0\leqslant\ ||y-y'||^2&=||y-x+x-y'||^2\\&=2||y-x||^2+2||x-y'||^2-\ 4\left\|x-\frac{y+y'}{2}\right\|^2\\&\leqslant 2\alpha^2+2\alpha^2-4\alpha^2=0,\end{aligned}$$

故 $y=y'$, 即最佳逼近元是唯一的.

注 由于 Hilbert 空间 H 的子空间是凸集, 则变分引理的条件也可以加强为 M 是 Hilbert 空间 H 的闭子空间.

3.2.3 正交分解定理

在 $\mathbf{R}^3$ 中, 设 $M=\{(x_1,x_2,0):x_1,x_2\in\mathbf{R}\}$, 则对任意 $x=(x_1,x_2,x_3)\in\mathbf{R}^3$, 存在 $y=(x_1,x_2,0)\in M, z=(0,0,x_3)\in M^{\perp}$, 使得 $x=y+z$. 这时将 $\mathbf{R}^3$ 空间中的任一点分解为 M 与 $M^{\perp}$ 中点的和. 我们希望把这种方法推广到一般的 Hilbert 空间.

定理 3.2.4 (正交分解) 设 M 是 Hilbert 空间 H 的闭子空间, 则对任意 $x\in H$, 存在唯一的正交分解

$$x=y+z,\quad y\in M,\quad z\in M^{\perp}.$$

证 先证存在性. 由于 M 是 H 的闭子空间, 故由定理 3.2.3 知, 对任意 $x\in H$, M 中存在唯一的最佳逼近元 y, 使得

$$||x-y||=\inf_{u\in M}||x-u||.$$

令 $z=x-y$, 下证 $z\in M^{\perp}$. 对任意 $u\in M$, 有

$$||z-u||=||x-(y+u)||\geqslant||x-y||=||z||.$$

则由定理 3.2.2(iv) 可知, $z\in M^{\perp}$, 即存在 $y\in M$ 及 $z\in M^{\perp}$, 使得 $x=y+z$.

再证唯一性. 假设还有 $x=y'+z'$, 其中 $y'\in M, z'\in M^{\perp}$. 由

$$y'+z'=y+z,$$

则 $y-y'=z'-z$. 由于 $y-y'\in M$, $z'-z\in M^{\perp}$, 故 $y-y'=z'-z\in M\cap M^{\perp}=\{\theta\}$, 因此 $y=y'$, $z=z'$.

注　由勾股定理知, 定理 3.2.4 中 $||x||^2=||y||^2+||z||^2$ 成立.

仿照欧氏空间的几何术语, 我们把 y 称为 x 在 M 上的**正交投影**, 并且 Hilbert 空间 H 可以分解为 $H=M\oplus M^{\perp}$, 即 H 是 M 与 $M^{\perp}$ 的直和.

一般地, 对于 Banach 空间 X 的闭子空间 M, 若存在闭子空间 N, 使得 $X=M\oplus N$, 则称子空间 M 在 X 中是**可补的**. 但 Banach 空间的闭子空间未必可补, 由正交分解定理可知, Hilbert 空间中任意闭子空间都是可补的. 这也是 Hilbert 空间的一个特殊性质.

3.3 正 交 系

在 $\mathbf{R}^3$ 中, 令$e_1=(1,0,0)$, $e_2=(0,1,0)$, $e_3=(0,0,1)$, 则对任意 $x=(x_1,x_2,x_3)\in\mathbf{R}^3$, 有 $x=\sum\limits_{i=1}^{3}x_ie_i$. 进而 $x=\sum\limits_{i=1}^{3}(x,e_i)e_i$, 其中 $(x,e_i)=x_i, i=1,2,3$, 上述 e_1,e_2,e_3 是 $\mathbf{R}^3$ 中的一组正交系. 与 $\mathbf{R}^n$ 相类似, 在内积空间中亦可引入正交系的概念, 并给出向量的级数展开式, 它是数学分析中直交三角函数系概念的推广.

3.3.1 内积空间中的规范正交系

定义 3.3.1　设 U 是内积空间, 集合 $\{e_\alpha\}_{\alpha\in\Lambda}$ 是 U 的一个子集. 若对任意 $\alpha,\beta\in\Lambda$, $\alpha\neq\beta$, 有 $(e_\alpha,e_\beta)=0$, 则称 $\{e_\alpha\}_{\alpha\in\Lambda}$ 是**正交系**. 如果还有 $(e_\alpha,e_\alpha)=1(\alpha\in\Lambda)$, 则称 $\{e_\alpha\}_{\alpha\in\Lambda}$ 为**规范正交系**.

为简单起见, 这里仅限于讨论最多只含可列个元素的正交系 $\{e_n\}_{n\in\mathbf{N}}$. 一般情形可用类似方法研究.

定理 3.3.1　内积空间中的规范正交系 $\{e_n\}$ 都是线性无关的.

证　任取规范正交系 $\{e_n\}$ 中的有限个向量 $e_1,e_2,\cdots,e_m$, 令

$$k_1e_1+k_2e_2+\cdots+k_me_m=0,$$

分别用 $e_i(i=1,2,\cdots,m)$ 与等式两边作内积, 得 $k_i=0, i=1,2,\cdots,m$, 故 $e_1,e_2,\cdots,e_m$ 线性无关, 从而此规范正交系 $\{e_n\}$ 是线性无关的.

例 3.3.1　空间 l^2 中, $e_n=(\underbrace{0,\cdots,0,1}_{n},0,\cdots), n=1,2,\cdots$ 是 l^2 中一个规范正交系.

例 3.3.2　空间 $L^2[0,2\pi]$ 中的函数系 $\left\{\dfrac{1}{\sqrt{2\pi}}\mathrm{e}^{int}\right\}(n=0,\pm1,\pm2,\cdots)$ 是一个规范正交系.

事实上, 令 $e_n = \dfrac{1}{\sqrt{2\pi}}e^{int}(n = 0, \pm1, \pm2, \cdots)$, 则

$$\begin{aligned}(e_n, e_m) &= \frac{1}{2\pi}\int_{[0,2\pi]} e^{int}\overline{e^{imt}}dt \\ &= \frac{1}{2\pi}\int_{[0,2\pi]} e^{i(n-m)t}dt \\ &= \begin{cases} 0, & m \neq n, \\ 1, & m = n. \end{cases}\end{aligned}$$

定义 3.3.2 设 $\{e_n\}(n \in \mathbf{N})$ 是内积空间 U 中的规范正交系, $x \in U$, 称数集 $\{(x, e_n)\}$ 为 x 关于 $\{e_n\}$ 的 **Fourier 系数集**, 而称 $c_n = (x, e_n)$ 为 x 关于 e_n 的 **Fourier 系数**.

在例 3.3.2 中, 函数系

$$\left\{\frac{1}{\sqrt{2\pi}}, \frac{\sin t}{\sqrt{\pi}}, \frac{\cos t}{\sqrt{\pi}}, \cdots, \frac{\sin nt}{\sqrt{\pi}}, \frac{\cos nt}{\sqrt{\pi}}, \cdots\right\}$$

构成 $L^2[0, 2\pi]$ 的一个规范正交系, 则对任意 $x \in U$, x 关于此函数系的 Fourier 系数为

$$\begin{aligned}c_0 &= \frac{1}{\sqrt{2\pi}}\int_{[0,2\pi]} x(t)dt, \\ c_1 &= \frac{1}{\sqrt{\pi}}\int_{[0,2\pi]} x(t)\sin tdt, \\ c_2 &= \frac{1}{\sqrt{\pi}}\int_{[0,2\pi]} x(t)\cos tdt, \\ &\cdots\cdots\end{aligned}$$

定理 3.3.2 (Bessel 不等式) 设 $\{e_n\}$ 是内积空间 U 中的一个规范正交系, 则对任意的 $x \in U$, 有不等式

$$\sum_{n=1}^{\infty} |(x, e_n)|^2 \leqslant ||x||^2$$

成立.

证 令 $c_k = (x,\, e_k)$, $k = 1, 2, \cdots$, 则对任意自然数 n, 有

$$\begin{aligned}0 \leqslant \left\|x - \sum_{k=1}^{n} c_k e_k\right\|^2 &= \left(x - \sum_{k=1}^{n} c_k e_k, x - \sum_{k=1}^{n} c_k e_k\right) \\ &= ||x||^2 - \sum_{k=1}^{n} \bar{c}_k(x, e_k) - \sum_{k=1}^{n} c_k(e_k, x) + \sum_{k=1}^{n} |c_k|^2 \\ &= ||x||^2 - \sum_{k=1}^{n} |c_k|^2,\end{aligned}$$

从而

$$||x||^2 \geqslant \sum_{k=1}^{n} |c_k|^2.$$

由 n 的任意性, 令 $n \to \infty$, 可得 $||x||^2 \geqslant \sum\limits_{k=1}^{\infty} |c_k|^2$.

注　由 Bessel 不等式, 知级数 $\sum\limits_{n=1}^{\infty} |(x, e_n)|^2$ 收敛. 从而 Fourier 系数集

$$\{(x, e_n)\} \in l^2.$$

如果 Bessel 不等式中等号成立, 则称此等式为 **Parseval 公式(或封闭公式)**.

定义 3.3.3　设 $\{e_n\}$ 是内积空间 U 中一个规范正交系, 如果对任意 $x \in U$, Parseval 公式

$$||x||^2 = \sum_{n=1}^{\infty} |(x, e_n)|^2$$

恒成立, 则称 $\{e_n\}$ **是完备的**.

例 3.3.3　元素列 $e_n = (\underbrace{0, \cdots, 0, 1}_{n}, 0, \cdots), n = 1, 2, \cdots$ 是空间 l^2 中的一个完备规范正交系. 这是因为对每个 $x = \{c_1, c_2, \cdots\} \in l^2$, 可得 $(x, e_n) = c_n$ 且 $||x||^2 = \sum\limits_{n=1}^{\infty} |c_n|^2$.

例 3.3.4　函数系 $\left\{\dfrac{1}{\sqrt{2\pi}} \mathrm{e}^{int}\right\} (n = 0, \pm 1, \pm 2, \cdots)$ 是 $L^2[0, 2\pi]$ 中的一个完备规范正交系.

定理 3.3.3　设 $\{e_n\}$ 是内积空间 U 中的一个规范正交系, 则下列性质等价:

(i) $\{e_n\}$ 是完备的;

(ii) 对于 $x \in U, x$ 关于 $\{e_n\}$ 的 Fourier 级数 $\sum\limits_{n=1}^{\infty} (x, e_n)\, e_n$ 收敛于 x, 于是有

$$x = \sum_{n=1}^{\infty} (x, e_n)\, e_n;$$

(iii) 对 U 中任意两个元素 x, y, 有

$$(x, y) = \sum_{n=1}^{\infty} (x, e_n)\overline{(y, e_n)}.$$

证　(i)⇒(ii)　对于 $x \in U$, 由 Bessel 不等式证明过程可知

$$\left\| x - \sum_{k=1}^{n} (x, e_k) e_k \right\|^2 = ||x||^2 - \sum_{k=1}^{n} |(x, e_k)|^2,$$

则

$$\lim_{n\to\infty}\left\|x-\sum_{k=1}^{n}(x,e_k)\,e_k\right\|^2=||x||^2-\sum_{k=1}^{\infty}|(x,e_k)\,|^2.$$

由于 $\{e_n\}$ 是完备的, 则

$$\lim_{n\to\infty}\left\|x-\sum_{k=1}^{n}(x,e_k)\,e_k\right\|=0,$$

即 x 关于 $\{e_n\}$ 的 Fourier 级数 $\sum\limits_{n=1}^{\infty}(x,e_n)\,e_n$ 收敛于 x, 于是有 $x=\sum\limits_{n=1}^{\infty}(x,e_n)\,e_n$.

(ii)⇒(iii) 对 U 中任意两个元素 x,y, 由 (ii) 知

$$x=\sum_{n=1}^{\infty}(x,e_n)\,e_n=\lim_{m\to\infty}\sum_{n=1}^{m}(x,e_n)\,e_n,$$

由内积的连续性及线性, 可得

$$(x,y)=\lim_{m\to\infty}\left(\sum_{n=1}^{m}(x,e_n)\,e_n,y\right)=\lim_{m\to\infty}\sum_{n=1}^{m}(x,e_n)(e_n,y)=\sum_{n=1}^{\infty}(x,e_n)\overline{(y,e_n)}.$$

(iii)⇒(i) 由 (iii) 知

$$||x||^2=(x,x)=\sum_{n=1}^{\infty}(x,e_n)\overline{(x,e_n)}=\sum_{n=1}^{\infty}|\,(x,e_n)\,|^2,$$

则 $\{e_n\}$ 是完备的.

3.3.2 Hilbert 空间中的规范正交系

在一般的内积空间中 Bessel 不等式都成立, 但 Parseval 等式却未必成立, 不过在 Hilbert 空间中, 我们有以下结论.

定理 3.3.4 (Riesz-Fischer) 设 $\{e_n\}$ 是 Hilbert 空间 H 中的一个规范正交系, 数列 $\{c_n\}\in l^2$, 则在 H 中存在唯一元素 x, 使得 $\{c_n\}$ 是 x 关于 $\{e_n\}$ 的 Fourier 系数集, 且 Parseval 公式成立.

证 令 $x_n=\sum\limits_{k=1}^{n}c_ke_k$, 设自然数 m,n 满足 $m>n$. 由于 $\{e_n\}$ 是规范正交系, 则

$$||x_m-x_n||^2=\left\|\sum_{k=n+1}^{m}c_ke_k\right\|^2=\sum_{k=n+1}^{m}|c_k|^2.$$

由于 $\{c_n\}\in l^2$, 所以当 $m,n\to\infty$ 时, $\sum\limits_{k=n+1}^{m}|c_k|^2\to 0$, 即 $||x_m-x_n||\to 0$. 因此

$\{x_n\}$ 是 H 中的 Cauchy 列. 由 H 的完备性知, 存在 $x \in H$, 使得 $x_n \to x(n \to \infty)$. 设 k 是任一给定的自然数, 由内积的连续性, 得

$$(x_n, e_k) \to (x, e_k), \quad n \to \infty.$$

另一方面, 当 $n \geqslant k$ 时,

$$(x_n, e_k) = \left(\sum_{k=1}^{n} c_k e_k, e_k\right) = c_k,$$

故 $(x, e_k) = c_k(k = 1, 2, \cdots)$. 为清楚起见, 将上述等式中 k 换成 n, 可得 $(x, e_n) = c_n$, 因此得 c_n 是 x 关于 $\{e_n\}$ 的 Fourier 系数. 再由

$$||x_n||^2 = \left(\sum_{k=1}^{n} c_k e_k, \sum_{k=1}^{n} c_k e_k\right) = \sum_{k=1}^{n} |c_k|^2$$

及 $||x_n|| \to ||x||(n \to \infty)$, 可知 $||x||^2 = \sum\limits_{k=1}^{\infty} |c_k|^2$.

最后证明唯一性. 假设在 H 中还存在元素 x', 使得 $\{c_n\}$ 是 x 关于 $\{e_n\}$ 的 Fourier 系数集, 且 Parseval 公式 $||x'||^2 = \sum\limits_{n=1}^{\infty} |c_n|^2$ 成立. 则由定理 3.3.3(ii) 可知, $x = x'$.

下面引入规范正交系的另一种情形.

定义 3.3.4　设 $\{e_n\}$ 是内积空间 U 中的一个规范正交系, 若对任意 $x \in U$, 由 $(x, e_n) = 0(n = 1, 2, \cdots)$ 可以导出 $x = \theta$, 则称 $\{e_n\}$ 是**完全的**.

由定义 3.3.4 易知 $\{e_n\}$ 的正交补为 $\{\theta\}$, 即 $\{e_n\}$ 是 H 的一个极大线性无关组.

在内积空间中, 完备的规范正交系一定是完全的, 反之不然. 但在 Hilbert 空间中二者是等价的.

定理 3.3.5　设 $\{e_n\}$ 是 Hilbert 空间 H 中一个规范正交系, 则 $\{e_n\}$ 是完备的当且仅当 $\{e_n\}$ 是完全的.

证　设 $\{e_n\}$ 是完备的, 则对任意 $x \in H$, $(x, e_n) = 0(n = 1, 2, \cdots)$. 由 Parseval 公式,

$$||x||^2 = \sum_{n=1}^{\infty} |(x, e_n)|^2 = 0,$$

从而 $x = \theta$, 所以 $\{e_n\}$ 是完全的.

反之, 设 $\{e_n\}$ 是完全的, 则对任意 $x \in H$, 由 Bessel 不等式知 $\{(x, e_n)\} \in l^2$. 再由定理 3.3.4 知, 存在 $y \in H$, 使得 $\{(x, e_n)\}$ 为 y 关于 $\{e_n\}$ 的 Fourier 系数集, 且

$$||y||^2 = \sum_{n=1}^{\infty} |(x, e_n)|^2,$$

注意到 (x,e_n) 也是 x 关于 $\{e_n\}$ 的 Fourier 系数, 故 $x-y$ 关于 $\{e_n\}$ 的 Fourier 系数满足

$$(x-y,e_n)=(x,e_n)-(y,e_n)=0.$$

由 $\{e_n\}$ 是完全的, 可知 $x-y=\theta$. 因此

$$\|x\|^2=\sum_{n=1}^{\infty}|(x,e_n)|^2.$$

3.3.3 Gram-Schmidt 正交化

规范正交系中的向量是线性无关的. 反之, 内积空间中任一至多可列的线性无关组均可用下面的 Gram-Schmidt 正交化方法, 将它转化成一个规范正交系.

定理 3.3.6 设 $\{x_n\}$ 是内积空间 U 中的一个可列子集, 则在 U 中存在规范正交系 $\{e_n\}$, 使得 $\{e_n\}$ 与 $\{x_n\}$ 张成的子空间相同.

证 不妨设 x_1 是 $\{x_n\}$ 中第一个不等于零的元素, 令

$$e_1=\frac{x_1}{\|x_1\|},$$

则 $\|e_1\|=1$. 设 x_2 是 $\{x_n\}$ 中第一个与 e_1 线性无关的元素, 令

$$h_2=x_2-(x_2,e_1)\,e_1,$$

则 $h_2\neq 0$. 否则将有 $x_2=(x_2,e_1)\,e_1$, 这与 x_2, e_1 线性无关矛盾. 注意到

$$(h_2,e_1)=(x_2,e_1)-(x_2,e_1)(e_1,e_1)=0,$$

故 $h_2\perp e_1$. 令

$$e_2=\frac{h_2}{\|h_2\|},$$

则 $\|e_2\|=1$, 且 $e_2\perp e_1$. 设 x_3 是 $\{x_n\}$ 中第一个与 e_1,e_2 线性无关的元素, 令

$$h_3=x_3-(x_3,e_1)\,e_1-(x_3,e_2)e_2,$$

容易证明 $h_3\neq 0$, 且 $h_3\perp e_j(j=1,2)$. 令

$$e_3=\frac{h_3}{\|h_3\|},$$

则 $\|e_3\|=1$. 继续上述步骤, 设 $e_1,e_2,\cdots,e_{k-1}$ 两两正交, 且范数都为 1. 设 x_k 是 $\{x_n\}$ 中第一个与 $e_1,e_2,\cdots,e_{k-1}$ 线性无关的元素, 令

$$h_k=x_k-\sum_{j=1}^{k-1}(x_k,e_j)e_j,$$

则 $h_k \neq 0$, 且 $h_k \perp e_j (j = 1, 2, \cdots, k-1)$. 再令

$$e_k = \frac{h_k}{||h_k||},$$

则 $||e_k|| = 1$. 如果 $\{x_n\}$ 张成的子空间是有限维的, 则以上作法经过有限次将停止, 不然便可继续进行下去, 这样得到 $\{e_k\}$ 是一个至多可列集, 满足两两正交且范数均为 1, 即 $\{e_k\}$ 是内积空间 U 中含有至多可列个元素的规范正交系.

再证 $\{x_n\}$ 张成的子空间 L 与 $\{e_n\}$ 张成的子空间 L' 相同. 由建立规范正交系的过程可知, $e_1 = \dfrac{x_1}{||x_1||}$, 则 e_1 可由 x_1 线性表示. 而 $e_2 = \dfrac{1}{||h_2||}\left(x_2 - (x_2, e_1)\dfrac{x_1}{||x_1||}\right)$, 从而 e_2 可由 x_1, x_2 线性表示. 由归纳法知, e_k 可由 $x_1, x_2, \cdots, x_k (k = 1, 2, \cdots)$ 线性表示, 故 $L \subset L'$. 类似地, 每个 x_k 亦可由 $e_1, e_2, \cdots, e_k (k = 1, 2, \cdots)$ 线性表示, 故 $L' \subset L$, 因此 $L = L'$.

3.4　Hilbert 空间的同构

为了更清楚地掌握 Hilbert 空间中的性质, 我们还需进一步讨论 Hilbert 空间的结构.

定义 3.4.1　设 U, V 是同一数域 K 上的内积空间, 若存在线性同构映射 $T: U \to V$, 使得对任意 $x, y \in U$, 有

$$(Tx, Ty)_1 = (x, y),$$

这里 $(\cdot,\cdot)$, $(\cdot,\cdot)_1$ 分别表示 U, V 中的内积, 则称 T 是 U 到 V 的**同构映射**, 并称内积空间 U 和 V 是**同构的**.

由于

$$||Tx|| = \sqrt{(Tx, Tx)_1} = \sqrt{(x, x)} = ||x||,$$

故对任意的 $x, y \in U$, 有

$$||Tx - Ty|| = ||T(x - y)|| = ||x - y||.$$

由此可知内积空间的同构映射也是一种拓扑同构.

定理 3.4.1　任何 n 维 Hilbert 空间 H 与 n 维欧氏空间 K^n 同构.

证　对于 H 中任意 n 个线性无关的向量, 由 Gram-Schmidt 正交化过程, 可将它们化为规范正交系 $\{e_1, e_2, \cdots, e_n\}$. 对任意 $x \in H$, 作 H 到 K^n 的映射

$$T: x \mapsto ((x, e_1), (x, e_2), \cdots, (x, e_n)),$$

易见 T 是单射. 对任意 $\alpha=(\alpha_1,\alpha_2,\cdots,\alpha_n)\in K^n$, 令 $x=\sum\limits_{k=1}^{n}\alpha_k e_k$, 则 $x\in H$ 且 $Tx=\alpha$, 从而 T 是满射. 同时, 对任意 $x,y\in H$, 有

$$x=\sum_{k=1}^{n}(x,e_k)\,e_k,\quad y=\sum_{k=1}^{n}(y,e_k)\,e_k,$$

从而

$$(Tx,Ty)=\sum_{k=1}^{n}(x,e_k)\overline{(y,e_k)}=(x,y),$$

所以 H 与 K^n 同构.

注 由定理 3.4.1 可知, 所有 n 维 Hilbert 空间都与 K^n 同构. 这样有限维 Hilbert 空间的性质与同维数的欧氏空间相类似.

借助下面的结论, 我们也可以讨论无穷维 Hilbert 空间的结构.

定理 3.4.2 内积空间 U 可分的充要条件是 U 存在完备的规范正交系.

证 **必要性** 若内积空间 U 可分, 则在 U 中存在可列的稠密子集 $\{x_n\}$, 由定理 3.3.6 可将 $\{x_n\}$ 正交化得到规范正交系 $\{e_n\}$, 且 $\operatorname{span}\{e_n\}=\operatorname{span}\{x_n\}$. 由于 $\{x_n\}$ 在 U 中稠密, 从而 $\operatorname{span}\{x_n\}$ 在 U 中稠密, 故 $\operatorname{span}\{e_n\}=M$ 在 U 中稠密. 所以对任意 $x\in U$, 存在 $\{x_k\}\subset M$, 使得 $x_k\to x\,(k\to\infty)$. 由于 $x_k\in M$, $\{e_n\}$ 为规范正交系, 则有

$$x_k=\sum_{n=1}^{m}(x_k,e_n)\,e_n=\sum_{n=1}^{\infty}(x_k,e_n)\,e_n\quad(\text{有限项不为 }0).$$

于是

$$\begin{aligned}\left\|x-\sum_{n=1}^{\infty}(x,e_n)\,e_n\right\|&\leqslant\|x-x_k\|+\left\|x_k-\sum_{n=1}^{\infty}(x,e_n)\,e_n\right\|\\&=\|x-x_k\|+\left\|\sum_{n=1}^{\infty}(x_k-x,e_n)\,e_n\right\|.\end{aligned}$$

根据 Bessel 不等式, 有

$$\left\|\sum_{n=1}^{\infty}(x_k-x,\ e_n)\,e_n\right\|=\lim_{m\to\infty}\left\|\sum_{n=1}^{m}(x_k-x,e_n)e_n\right\|=\sqrt{\sum_{n=1}^{\infty}|\,(x_k-x,e_n)\,|^2}\leqslant\|x_k-x\|,$$

则

$$\left\|x-\sum_{n=1}^{\infty}(x,e_n)\,e_n\right\|\leqslant 2\|x-x_k\|\to 0,\quad k\to\infty.$$

因此 $x = \sum_{n=1}^{\infty}(x, e_n)\, e_n$, 从而 $\{e_n\}$ 完备.

充分性　设 $\{e_n\}$ 是 U 中完备的规范正交系, 则对任意 $x \in U$, 级数 $\sum_{n=1}^{\infty}(x, e_n)e_n$ 在 U 中收敛于 x, 故 $\{e_n\}$ 张成的子空间在 U 中稠密, 因此以有理数为系数的所有 $\{e_n\}$ 中元素的线性组合构成的集 L 在 U 中也稠密, 又 L 可列, 故 U 可分.

下面讨论无穷维可分的 Hilbert 空间的同构.

定理 3.4.3　每一个无穷维实 (或复) 可分的 Hilbert 空间必与实 (或复)l^2 空间同构, 因此所有无穷维实 (或复) 的 Hilbert 空间彼此等距同构.

证　不妨设 H 为无穷维实可分的 Hilbert 空间. 由定理 3.4.2 知, H 中存在由可列个元素构成的完备规范正交系 $\{e_n\}$. 对任意 $x \in H$, 作 H 到 l^2 的映射

$$T : x \mapsto \{(x, e_n)\} = \{c_n\},$$

这里 $\{c_n\}$ 是 x 关于 $\{e_n\}$ 的 Fourier 系数集, 则由 $\{e_n\}$ 是完备的, 可得

$$\sum_{n=1}^{\infty} |(x, e_n)|^2 = ||x|| < \infty,$$

故 $Tx \in l^2$. 可以证明 T 是 H 到 l^2 的线性同构映射.

(1) T 是 H 到 l^2 的线性映射. 对任意 $x, y \in H$ 及 α, $\beta \in K$,

$$T(\alpha x + \beta y) = \{(\alpha x + \beta y, e_n)\} = \{\alpha(x, e_n) + \beta(y, e_n)\} = \alpha Tx + \beta Ty.$$

(2) T 是单射. 若 $Tx = Ty$, 则对任意 $n \in \mathbf{N}$, $(x, e_n) = (y, e_n)$, 于是

$$\sum_{n=1}^{\infty}(x, e_n)\, e_n = \sum_{n=1}^{\infty}(y, e_n)\, e_n.$$

由于 $\{e_n\}$ 是完备的, 则 $\sum_{n=1}^{\infty}(x, e_n)\, e_n$ 收敛于 x, $\sum_{n=1}^{\infty}(y, e_n)\, e_n$ 收敛于 y, 从而 $x = y$.

(3) T 是满射. 设 $\{c_n\} \in l^2$, 由 Riesz-Fischer 定理可知, 在 H 中存在唯一元素 x, 使得 $\{c_n\}$ 是 x 关于 $\{e_n\}$ 的 Fourier 系数集. 因此 $Tx = \{(x, e_n)\} = \{c_n\}$, 即 T 是满射.

(4) 由定理 3.3.3, 对任意 $x, y \in H$, 有

$$(x, y) = \sum_{n=1}^{\infty}(x, e_n)\overline{(y, e_n)},$$

故 $(x, y) = (Tx, Ty)$.

综上所述, T 是 H 到 l^2 的同构映射, 即任何无穷维实 (复) 可分 Hilbert 空间 H 与实 (复)l^2 空间是同构的.

因此, 在等距同构的意义下, 一切无穷维 Hilbert 空间, 不管形式如何复杂, 只要它是可分的, 实质上与 l^2 并无不同.

习　题　3

1. 举例说明 $p \neq 2$ 时, $L^p[a,b]$ 不是内积空间.

2. 设 X 为内积空间, $x, y \in X$, 若对于任意 $z \in X$, 均有 $(x,z) = (y,z)$, 证明 $x = y$.

3. 设 X 为内积空间, $x, y \in X$ 是两个单位向量, 且

$$||x+y|| = 2,$$

证明 $x = y$.

4. 设 $\{x_n\}$ 是内积空间 U 中的一点列, 且 $\lim\limits_{n\to\infty} ||x_n|| = ||x||$, $x \in U$. 若对任意的 $y \in U$, 有 $\lim\limits_{n\to\infty}(x_n, y) = (x, y)$, 则 $\lim\limits_{n\to\infty} x_n = x$.

5. 若内积空间 U 中的元素 x 与 U 中的一个稠密子集 L 正交, 则 $x = \theta$.

6. 设 U 是内积空间, $x \in U, M \subset U$, 若 $x \perp M$, 则 $x \perp \mathrm{span}\{M\}$.

7. 设 U 是实内积空间. 对 $x, y \in U$, 若

$$||x+y||^2 = ||x||^2 + ||y||^2,$$

则 $x \perp y$. 若 U 是复内积空间, 这个结论是否仍成立? 如果不成立, 试给出其成立的充分必要条件.

8. 设 U 是一个内积空间, $x, y \in U$, 则 $x \perp y$ 的充分必要条件是对任何数 α 有

$$||x + \alpha y|| \geqslant ||x||.$$

9. 设 U 是内积空间, $x, y \in U$, 则 $x \perp y$ 的充分必要条件是对任何数 α 有

$$||x + \alpha y|| = ||x - \alpha y||.$$

10. 设 U 是 Hilbert 空间, M 是 U 的子集, 证明 $(M^{\perp})^{\perp}$ 是包含 M 的最小闭子空间.

11. 设 H 是 Hilbert 空间, 则 H 的线性子空间 L 是闭的当且仅当 $L = (L^{\perp})^{\perp}$.

12. 设 M 是 Hilbert 空间 H 中的凸子集, 则 H 中的任一元素 x 在 M 中存在最佳逼近元的充要条件是 M 为闭集.

13. 设 L_1, L_2 是 Hilbert 空间 H 的子空间, $L_1 \perp L_2$, $L = L_1 \oplus L_2$. 证明 L 是 H 的闭子空间的充要条件是 L_1, L_2 均为 H 的闭子空间.

14. 证明可分 Hilbert 空间中的规范正交系至多可列.

15. 设 H 是 Hilbert 空间, M 是 H 的子空间, 证明 $\overline{M} = H$ 当且仅当 $M^{\perp} = \{\theta\}$.

16. 设 $\{e_n\}$ 是 Hilbert 空间 H 中的一个完备规范正交系, 则对任意两个元 $x, y \in H$, 有

$$(x, y) = \sum_{n=1}^{\infty} (x, e_n)\overline{(y, e_n)}.$$

17. 设 $\{e_n\}$ 是 Hilbert 空间 H 中的一个规范正交系, 若对任意两个元 $x, y \in H$, 有

$$(x, y) = \sum_{n=1}^{\infty} (x, e_n)\overline{(y, e_n)},$$

右端的级数绝对收敛, 则 $\{e_n\}$ 是完全的.

18. 设 M 是 Hilbert 空间 H 中非空子集, 则 M 的线性子空间 $\operatorname{span} M$ 在 H 中稠密的充要条件为 $M^{\perp} = \{\theta\}$.

19. 举例说明内积空间中完全规范正交系不一定是完备的.

第 4 章　Banach 空间上的有界线性算子

空间结构与算子理论是泛函分析研究的重要内容, 也是泛函分析应用到各个领域的主要工具. 事实上, 在研究物理、生物及工程技术等许多实际问题时, 往往需将具体模型转换为某空间上的算子方程, 再利用泛函分析的理论加以讨论. 前几章中, 我们已比较系统地学习了距离空间、赋范线性空间以及内积空间的基本知识. 本章将主要介绍 Banach 空间上有界线性算子的基本理论.

4.1　有界线性算子

数学分析的主要研究对象是定义在欧氏空间 $\mathbf{R}^n$ 上的连续函数, 线性代数则主要研究 $\mathbf{R}^n$ 到 $\mathbf{R}^m$ 的线性变换, 本章将研究由赋范线性空间到赋范线性空间的连续线性算子. 从逻辑上来看, 线性算子理论是有限维线性空间中线性变换理论向无穷维线性空间的自然延伸, 是无穷维线性空间上的代数学.

4.1.1　线性算子与线性泛函的定义

定义 4.1.1　设 X, Y 是同一数域 K 上的两个线性空间, 将由 X 的子空间 D 到 Y 的映射 T(记作 $T: D \to Y$) 称为**算子**. 若 $Y = K$, 则称 T 为**泛函**, 特别地, $K = \mathbf{R}$(或 $\mathbf{C}$) 时, 称 T 为**实**(或**复**)**泛函**, 其中称 D 为 T 的**定义域**, 记作 $D(T)$, 称集合 $\{x \in D : Tx = \theta\}$ 为 T 的**零空间**; 称像集 $\{Tx : x \in D\}$ 为 T 的**值域**, 记作 $R(T)$.

定义 4.1.2　设 T 是线性空间 X 的子空间 D 到线性空间 Y 的算子 (或泛函). 若对任意的 $x, y \in D$ 及任意的 $\alpha \in K$, T 具有下列性质:

(i) **可加性**　$T(x + y) = Tx + Ty$;

(ii) **齐次性**　$T(\alpha x) = \alpha Tx$,

则称 T 为**线性算子**(或**线性泛函**).

不满足可加性或齐次性的算子称为**非线性算子**. 因此算子可分为线性算子和非线性算子两大类, 同理泛函亦有线性泛函和非线性泛函. 本书的研究范围仅限于线性算子与线性泛函的相关理论.

算子的概念起源于运算, 如代数运算、微分运算、积分运算等, 下面给出一些线性算子或线性泛函的例子.

例 4.1.1 设 X 是数域 K 上的线性空间, 任取 $\alpha \in K$, 定义

$$Tx = \alpha x, \quad x \in X,$$

则 T 是空间 X 到 X 的一个线性算子, 称为**相似算子**. 特别地, $\alpha = 1$ 时, 称 T 为**恒等算子**(或**单位算子**), 记作 I; $\alpha = 0$ 时, 称 T 为**零算子**, 记作 O.

注 这里定义的线性算子与初等数学中所定义的线性函数有所不同, 后者是指形式满足 $f(x) = kx + b$ 的所有函数, 但这里需要 $b = 0$ 才是线性算子.

例 4.1.2 设 $x \in C[a, b]$, 定义

$$Tx(t) = tx(t), \quad x \in C[a, b],$$

则 T 是 $C[a, b]$ 到其自身的一个线性算子, 称为**乘法算子**.

例 4.1.3 设 $x \in C[a, b]$, 定义

$$(Tx)(t) = \int_{[a,t]} x(s)\mathrm{d}s, \quad f(x) = \int_{[a,b]} x(t)\mathrm{d}t,$$

则 T 是空间 $C[a, b]$ 到其自身的一个线性算子, f 是 $C[a, b]$ 上的一个线性泛函.

例 4.1.4 定义 $Tx(t) = \dfrac{\mathrm{d}}{\mathrm{d}t}x(t)$, $x \in C[0, 1]$, 则 T 是由 $C[0, 1]$ 的子空间 $C^1[0, 1]$ 到 $C[0, 1]$ 的线性算子, 称为**微分算子**.

例 4.1.5 给定 $\alpha \in L^p[a, b](1 < p < \infty)$, 在空间 $L^q[a, b]$ 上定义

$$f(x) = \int_{[a,b]} x(t)\alpha(t)\mathrm{d}t, \quad x \in L^q[a, b],$$

其中 $1/p + 1/q = 1$. 由 Hölder 不等式知, f 是空间 $L^q[a, b]$ 上的一个线性泛函.

4.1.2 线性算子的连续性与有界性

定义 4.1.3 设 X, Y 是两个赋范线性空间, T 是 X 的子空间 D 到 Y 的线性算子. 若 T 将 D 中任一有界集映为 Y 中的有界集, 则称 T 为**有界线性算子**. 若存在 D 中的有界集 A, 使得 $T(A)$ 是 Y 中的无界集, 则称 T 是**无界线性算子**. 特别地, 若线性泛函 $f : D \to K$ 将 D 中任一有界集映为数域 K 中的有界集, 则称 f 是一个**有界线性泛函**.

注 这里定义的有界线性泛函与数学分析中的有界函数含义不同, 后者是指将整个定义域映为一有界数集.

定义 4.1.4 设 X, Y 是赋范线性空间, T 是由 X 的子空间 D 到 Y 的线性算子. $x_0 \in D$, 若对任意 $\varepsilon > 0$, 存在 $\delta = \delta(x_0, \varepsilon) > 0$, 当 $x \in D$ 且 $||x - x_0|| < \delta$ 时, 有

$\|Tx-Tx_0\|<\varepsilon$, 则称 T 在点 x_0 **处连续**. 若 T 在 D 中每一点处都连续, 则称 T 是 D 上的**连续线性算子**.

定理 4.1.1 设 X, Y 是赋范线性空间, T 是由 X 的子空间 D 到 Y 的线性算子, 则 T 有界的充要条件是存在常数 $M>0$, 对任意 $x\in D$, 有 $\|Tx\|\leqslant M\|x\|$.

证 必要性 令 $S=\{x:\|x\|=1, x\in D\}$, 即 S 为 D 中的单位球面. 由于 T 有界, 故 $T(S)$ 有界, 即存在常数 $M>0$, 使得对任意 $x\in S$, $\|Tx\|\leqslant M$ 成立. 设 x 是 D 中任一非零元, 则 $\dfrac{x}{\|x\|}\in S$, 故

$$\left\|T\left(\frac{x}{\|x\|}\right)\right\|\leqslant M.$$

由 T 的齐次性知, $\|Tx\|\leqslant M\|x\|$, 于是 $\|Tx\|\leqslant M\|x\|$, $x\in D$.

充分性 若存在常数 $M>0$, 对任意 $x\in D$, 有 $\|Tx\|\leqslant M\|x\|$. 设 $A\subset D$ 且 A 有界, 即存在常数 $L>0$, 使得 $\|x\|\leqslant L$, $x\in A$, 那么

$$\|Tx\|\leqslant M\|x\|\leqslant ML, \quad x\in A.$$

因此 $T(A)$ 是 Y 中的有界集, 故 T 有界.

定理 4.1.2 设 X, Y 是赋范线性空间, T 是由 X 的子空间 D 到 Y 的线性算子. 若 T 在某一点 $x_0\in D$ 处连续, 则 T 在 D 上连续.

证 任取 $x\in D$ 及 $\{x_n\}\subset D(n=1,2,\cdots)$, 使得 $x_n\to x(n\to\infty)$, 则 $x_n-x+x_0\to x_0$. 由于 T 在 x_0 处连续, 故 $T(x_n-x+x_0)\to Tx_0$. 注意到 T 是可加的, 那么 $Tx_n\to Tx(n\to\infty)$ 成立, 由 x 的任意性知, T 在 D 上连续.

定理 4.1.3 设 X, Y 是赋范线性空间, T 是由 X 的子空间 D 到 Y 的线性算子, 则 T 有界当且仅当 T 连续.

证 必要性 设 T 有界, 依定理 4.1.1, 存在常数 $M>0$, 使得

$$\|Tx\|\leqslant M\|x\|, \quad x\in D.$$

取点列 $\{x_n\}\subset D$ 满足 $x_n\to\theta(n\to\infty)$, 从而

$$\|Tx_n\|\leqslant M\|x_n\|, \quad n=1,2,\cdots.$$

当 $n\to\infty$ 时, 则有 $\|Tx_n\|\to 0$, 故 T 在点 θ 连续. 由定理 4.1.2 知, T 在 D 上连续.

充分性 设 T 连续, 则 T 在点 θ 处连续. 令 $\varepsilon=1$, 存在 $\delta>0$, 当 $\|x\|\leqslant\delta$ 时, $\|Tx\|=\|Tx-T\theta\|\leqslant 1$. 设 x 是 D 中任一非零元, 因 $\left\|\dfrac{\delta x}{\|x\|}\right\|=\delta$, 故 $\left\|T\left(\dfrac{\delta x}{\|x\|}\right)\right\|\leqslant 1$.

利用 T 的齐次性得, $||Tx|| \leqslant \frac{1}{\delta}||x||$, $x \in D$. 由定理 4.1.1 知, T 有界.

因此对于线性算子来说, 有界性、连续性及在某一点处连续三者等价.

显然例 4.1.1—例 4.1.3 中的算子都是其定义域上的有界线性算子. 至于例 4.1.5, 利用 Hölder 不等式知, $|f(x)| \leqslant ||\alpha|| \cdot ||x||$, 故 f 是有界线性泛函. 而例 4.1.4 中的算子是无界的. 事实上, 取 $x_n(t) = \sin nt (n = 1, 2, \cdots)$, 显然 $||x_n|| = 1$. 而 $||Tx_n|| = ||n\cos nt|| = n \to \infty$, 即 T 将 $C^1[0,1]$ 中的一有界集映射为 $C[0,1]$ 中的无界集, 故 T 无界. 下面再给出几个常见的有界线性算子或有界泛函的例子.

例 4.1.6　设 $X = \mathbf{R}^n$, $Y = \mathbf{R}^m$, $A = (a_{ij})_{m\times n}$. 定义

$$Tx = Ax = \left(\sum_{j=1}^{n} a_{ij}\xi_j\right)_{i=1}^{m}, \quad x = (\xi_1, \xi_2, \cdots, \xi_n) \in \mathbf{R}^n,$$

则 T 是 X 到 Y 的一个有界线性算子.

证　显然 T 是 X 到 Y 的线性算子. 对任意 $x = (\xi_1, \xi_2, \cdots, \xi_n) \in \mathbf{R}^n$, 由 Cauchy 不等式, 得

$$\begin{aligned} ||Tx|| &= \left(\sum_{i=1}^{m}\left(\sum_{j=1}^{n} a_{ij}\xi_j\right)^2\right)^{1/2} \leqslant \left(\sum_{i=1}^{m}\sum_{j=1}^{n} a_{ij}^2 \cdot \sum_{j=1}^{n}\xi_j^2\right)^{1/2} \\ &= \left(\sum_{i=1}^{m}\sum_{j=1}^{n} a_{ij}^2\right)^{1/2} ||x||, \end{aligned}$$

令 $M = \left(\sum_{i=1}^{m}\sum_{j=1}^{n} a_{ij}^2\right)^{1/2}$, 由定理 4.1.1 知, T 有界.

注　有限维赋范线性空间 X 到任意赋范线性空间 Y 的线性算子 T 均有界 (见习题 4 第 3 题).

线性积分算子是定义在函数空间上一类重要的算子, 它在微分方程、积分方程等数学分支中扮演着举足轻重的角色, 下面介绍一个常见的线性积分算子.

例 4.1.7　设 $k(t,s)$ 是矩形区域 $a \leqslant t \leqslant b$, $a \leqslant s \leqslant b$ 上的连续函数. 定义

$$Tx(t) = \int_{[a,b]} k(t,s)x(s)\mathrm{d}s, \quad x \in C[a,b],$$

则 T 是空间 $C[a,b]$ 到其自身的一个有界线性算子.

证　先证 T 是 $C[a,b]$ 到 $C[a,b]$ 的算子. 由条件知, 对任一给定 $s \in [a,b]$, $k(t,s)$ 关于 t 在区间 $[a,b]$ 上一致连续. 于是对任意 $\varepsilon > 0$, 存在 $\delta > 0$, 当 $|t_2 - t_1| < \delta$ 时,

$$|k(t_2,s)-k(t_1,s)|<\frac{\varepsilon}{b-a},\quad s\in[a,b].$$

从而对任意 $x\in C[a,b]$, 当 $|t_2-t_1|<\delta$ 时, 有

$$\begin{aligned}|(Tx)(t_1)-(Tx)(t_2)|&=\left|\int_{[a,b]}k(t_2,s)x(s)\mathrm{d}s-\int_{[a,b]}k(t_1,s)x(s)\mathrm{d}s\right|\\&=\left|\int_{[a,b]}(k(t_2,s)-k(t_1,s))x(s)\mathrm{d}s\right|\\&\leqslant\int_{[a,b]}|k(t_2,s)-k(t_1,s)|\cdot|x(s)|\mathrm{d}s\\&<\varepsilon||x||,\end{aligned}$$

故 $Tx\in C[a,b]$.

再证 T 有界. 对任意 $x\in C[a,b]$, 由于

$$\begin{aligned}||Tx||&=\max_{t\in[a,b]}\left|\int_{[a,b]}k(t,s)x(s)\mathrm{d}s\right|\\&\leqslant\max_{t\in[a,b]}\int_{[a,b]}|k(t,s)x(s)|\mathrm{d}s\\&\leqslant||x||\max_{t\in[a,b]}\int_{[a,b]}|k(t,s)|\mathrm{d}s,\end{aligned}$$

令 $M=\max\limits_{t\in[a,b]}\int_{[a,b]}|k(t,s)|\mathrm{d}s$, 由定理 4.1.1 知, T 是空间 $C[a,b]$ 到其自身的一个有界线性算子.

4.1.3 有界线性算子空间

设 X,Y 是赋范线性空间, 如不作特别声明, 这里均假定有界线性算子的定义域是空间 X. 为了把空间 X 到 Y 的全部有界线性算子有机地组织起来, 需引入有界线性算子空间的概念, 为此, 先介绍一个重要的量 —— 算子范数.

定义 4.1.5 设 X,Y 是赋范线性空间, $T:X\to Y$ 是有界线性算子. 称

$$||T||=\inf\{M:||Tx||\leqslant M||x||,x\in X\}$$

为 T 的**范数**.

对于 X 中任一非零元 x 及 K 中的非零元 α, 注意到

$$\frac{||T(\alpha x)||}{||\alpha x||}=\frac{||\alpha Tx||}{||\alpha x||}=\frac{||Tx||}{||x||},$$

因而 $\dfrac{||Tx||}{||x||}$ 的几何意义是 T 沿 x 方向的伸缩率. M 是集合 $\left\{\dfrac{||Tx||}{||x||}:x\in X,x\neq\theta\right\}$

的一个上界, $||T||$ 作为所有上界 M 的下确界即为该集合的上确界, 因此

$$||T|| = \sup_{x\neq\theta} \frac{||Tx||}{||x||}.$$

定理 4.1.4　设 T 是由赋范线性空间 X 到赋范线性空间 Y 的有界线性算子, 则有如下常用的结论:

(i) $||Tx|| \leqslant ||T|| \cdot ||x||,\ x \in X$;

(ii) $||T|| < +\infty$;

(iii) $||T|| = \sup\limits_{||x||=1} ||Tx|| = \sup\limits_{||x||\leqslant 1} ||Tx||$.

证　(i), (ii) 显然成立, 下证 (iii) 成立. 任取 $x \in X$, 由于

$$||T|| = \sup_{x\neq\theta} \frac{||Tx||}{||x||} = \sup_{x\neq\theta} \left\| \frac{Tx}{||x||} \right\| = \sup_{x\neq\theta} \left\| T\left(\frac{x}{||x||}\right) \right\|,$$

令 $y = \dfrac{x}{||x||}$, 则 $||y|| = 1$, 于是

$$||T|| = \sup_{||x||=1} ||Tx||.$$

其次, 不等式 $\sup\limits_{||x||=1} ||Tx|| \leqslant \sup\limits_{||x||\leqslant 1} ||Tx||$ 显然成立. 反之, 若 $x \in X$ 且 $||x|| \leqslant 1$, 由性质 (i) 知, $||Tx|| \leqslant ||T|| \cdot ||x|| \leqslant ||T||$, 故 $\sup\limits_{||x||\leqslant 1} ||Tx|| \leqslant ||T||$. 于是 $||T|| = \sup\limits_{||x||\leqslant 1} ||Tx||$, 因此性质 (iii) 成立.

既然算子范数是有界线性算子一个很重要的数量指标, 故精确地求出算子的范数是有意义的, 但往往也是困难的. 在大多数情况下, 只是估计出算子范数的范围, 如例 4.1.6 中 $||T|| \leqslant \left(\sum\limits_{i=1}^{m}\sum\limits_{j=1}^{n} a_{ij}^2\right)^{1/2}$, 例 4.1.7 中 $||T|| \leqslant \max\limits_{a\leqslant t\leqslant b} \int_{[a,b]} |k(t,s)|\mathrm{d}s$. 下面用两个简单的例子来说明有界线性算子范数的求法.

例 4.1.8　定义算子 $T: \mathbf{R}^2 \to \mathbf{R}$ 为

$$T(a_1, a_2) = a_1, \quad (a_1, a_2) \in \mathbf{R}^2.$$

证明 T 是有界线性算子且 $||T|| = 1$.

证　显然 $T: \mathbf{R}^2 \to \mathbf{R}$ 是线性的. 由于

$$||T(a_1, a_2)|| = |a_1| \leqslant \sqrt{a_1^2 + a_2^2} = ||(a_1, a_2)||, \quad (a_1, a_2) \in \mathbf{R}^2,$$

可见 T 有界且 $||T|| \leqslant 1$. 取 $(1,0)\in \mathbf{R}^2$, 则 $||T(1,0)|| = 1 = ||(1,0)||$, 于是 $||T|| \geqslant 1$, 故 $||T|| = 1$.

例 4.1.9 定义算子 $T: L^1[a,b]\to C[a,b]$ 为

$$Tx(t) = \int_{[a,t]} x(\tau)\mathrm{d}\tau, \quad x\in L^1[a,b],$$

证明 T 是有界线性算子且 $||T|| = 1$.

证 显然 T 为线性算子. 任取 $x\in L^1[a,b]$, 则 $||x|| = \int_{[a,b]} |x(t)|\mathrm{d}t$. 于是

$$\begin{aligned}||Tx|| &= \max_{a\leqslant t\leqslant b} |Tx(t)| = \max_{a\leqslant t\leqslant b}\left|\int_{[a,t]} x(\tau)\mathrm{d}\tau\right| \\ &\leqslant \max_{a\leqslant t\leqslant b}\int_{[a,t]} |x(\tau)|\mathrm{d}\tau = \int_{[a,b]} |x(\tau)|\mathrm{d}\tau = ||x||,\end{aligned}$$

这表明 T 有界且 $||T|| \leqslant 1$.

取 $x_0(t) \equiv \dfrac{1}{b-a}$, $t\in[a,b]$, 那么 $x_0\in L^1[a,b]$ 且 $||x_0|| = \int_{[a,b]} \dfrac{1}{b-a}\mathrm{d}t = 1$. 于是

$$||T|| \geqslant ||Tx_0|| = \max_{a\leqslant t\leqslant b}\left|\int_{[a,t]} x_0(\tau)\mathrm{d}\tau\right| = \int_{[a,b]}\frac{1}{b-a}\mathrm{d}\tau = 1,$$

所以 $||T|| = 1$.

注 上面求算子范数的方法具有普遍性. 一般分为两步: 第一步是对 $||T||$ 作初步估计; 第二步往往通过取特殊元或元列以验证初步估计其实是最佳的.

设 X, Y 是两个赋范线性空间, 用 $B(X,Y)$ 表示所有由 X 到 Y 的有界线性算子构成的集. 当 $X = Y$ 时, 记作 $B(X)$.

定理 4.1.5 在 $B(X,Y)$ 中定义线性运算:

$$(T_1+T_2)x = T_1x + T_2x, \quad x\in X;$$

$$(\alpha T)x = \alpha(Tx), \quad x\in X, \quad \alpha\in K,$$

其中 $T, T_1, T_2\in B(X,Y)$, 那么 $B(X,Y)$ 按照上述规定的加法与数乘运算是一个线性空间. 若令 $||T|| = \sup\limits_{||x||=1} ||Tx||$, 则 $B(X,Y)$ 是一个赋范线性空间.

证 易证 $T_1+T_2\in B(X,Y)$, $\alpha T\in B(X,Y)$ 成立, 故 $B(X,Y)$ 是一个线性空间. 下证 $B(X,Y)$ 是一个赋范线性空间.

(i) 显然 $||T|| \geqslant 0$. 若 $||T|| = 0$, 则对任意 $x\in X$, 有

$$||Tx|| \leqslant ||T||\cdot||x|| = 0,$$

于是 $Tx=\theta$, 故 $T=O$. 反之, 若 $T=O$, 则 $Tx\equiv\theta$, $x\in X$, 故

$$||T||=\sup_{||x||=1}||Tx||=0.$$

(ii) $||\alpha T||=\sup\limits_{||x||=1}||\alpha Tx||=\sup\limits_{||x||=1}|\alpha|\cdot||Tx||=|\alpha|\cdot\sup\limits_{||x||=1}||Tx||=|\alpha|\cdot||T||.$

(iii) $$\begin{aligned}||T_1+T_2||&=\sup_{||x||=1}||(T_1+T_2)x||=\sup_{||x||=1}||T_1x+T_2x||\\&\leqslant\sup_{||x||=1}||T_1x||+\sup_{||x||=1}||T_2x||=||T_1||+||T_2||.\end{aligned}$$

因此 $||\cdot||$ 是 $B(X,Y)$ 上的一个范数, $B(X,Y)$ 是一个赋范线性空间, 今后称 $B(X,Y)$ 为**有界线性算子空间**.

既然 $B(X,Y)$ 是赋范线性空间, 那么在 $B(X,Y)$ 中就可以定义依范数收敛. 又因 $B(X,Y)$ 中元素的特殊性, 故还可以引入更丰富的收敛概念. 下面给出空间 $B(X,Y)$ 中的两种收敛性.

定义 4.1.6　设 $T,T_n\in B(X,Y)(n=1,2,\cdots)$. 若 T_n 按照 $B(X,Y)$ 中的范数收敛于 T, 即

$$\lim_{n\to\infty}\|T_n-T\|=0,$$

则称 $\{T_n\}$ 按**算子范数收敛**于 T, 或称 $\{T_n\}$**一致收敛**于 T. 这时 T 为 $\{T_n\}$ 的**一致极限**, 记作 $T_n\xrightarrow{u}T$.

上述之所以使用 "一致收敛" 这一名称, 原因在于下面定理所阐述的事实.

定理 4.1.6　设 $T,T_n\in B(X,Y)(n=1,2,\cdots)$, 则 $\{T_n\}$ 一致收敛于 T 的充要条件是 $\{T_n\}$ 在 X 中的任一有界集上一致收敛于 T.

证　必要性　若 $T_n\xrightarrow{u}T$, 则对任意 $\varepsilon>0$, 存在 $N>0$, 当 $n>N$ 时, $||T_n-T||<\varepsilon$. 设 $A\subset X$ 且 A 有界, 则存在常数 $M>0$, 使得 $||x||\leqslant M$, $x\in A$. 从而对任意 $x\in A$, 有

$$||T_nx-Tx||\leqslant||T_n-T||\cdot||x||<M\varepsilon,\quad n>N,$$

故 $\{T_n\}$ 在 A 上一致收敛于 T.

充分性　设 $\{T_n\}$ 在 X 中任一有界集上一致收敛于 T. 取 X 的单位球面 $S=\{x\in X:||x||=1\}$, 依假设知, T_n 在 S 上一致收敛于 T. 对任意 $\varepsilon>0$, 存在 $N>0$, 当 $n>N$ 时,

$$||T_nx-Tx||<\varepsilon,\quad x\in S.$$

于是

$$||T_n-T||=\sup_{||x||=1}||T_nx-Tx||\leqslant\varepsilon,\quad n>N.$$

因此 $\lim\limits_{n\to\infty}||T_n-T||=0.$

定义 4.1.7 设 $T,T_n\in B(X,Y)(n=1,2,\cdots)$. 若对任意 $x\in X$, 有

$$\lim_{n\to\infty}||T_nx-Tx||=0,$$

则称 $\{T_n\}$**强收敛**于 T, 这时 T 为 $\{T_n\}$ 的**强极限**, 记作

$$\lim_{n\to\infty}T_n=T(\text{强})\quad\text{或}\quad T_n\xrightarrow{s}T.$$

显然, 若 $\{T_n\}$ 一致收敛于 T, 则 $\{T_n\}$ 必强收敛于 T, 反之不然.

例 4.1.10 (强收敛而不一致收敛) 在空间 l 中定义左平移算子列

$$T_n:x=\{\xi_1,\xi_2,\cdots,\xi_n,\cdots\}\mapsto\{\xi_{n+1},\xi_{n+2},\cdots\},\quad n=1,2,\cdots,$$

则 $\{T_n\}$ 强收敛于零算子 O, 但 $\{T_n\}$ 不一致收敛于 O. 事实上, 不难看出 T_n 是有界线性算子且 $||T_n||\leqslant 1$. 注意到对每个 $x\in l$, 都有 $\sum\limits_{i=n+1}^{\infty}|\xi_i|\to 0(n\to\infty)$, 故 $\lim\limits_{n\to\infty}T_nx=\theta$, 即 $\{T_n\}$ 强收敛于零算子 O. 取 $e_n=\{\underbrace{0,\cdots,0,1}_{n},0,\cdots\}(n\in\mathbf{N})$, 有 $T_ne_{n+1}=e_1$. 又 $||e_n||=1(n\in\mathbf{N})$, 故 $||T_n||\geqslant||T_ne_{n+1}||=1$, 因此 $\{T_n\}$ 不一致收敛于 O.

一般地, 赋范线性空间 $B(X,Y)$ 不一定完备. 但若 Y 完备, 则有如下定理.

定理 4.1.7 设 X 是赋范线性空间, Y 是 Banach 空间, 则 $B(X,Y)$ 是 Banach 空间.

证 设 $\{T_n\}$ 是 $B(X,Y)$ 中的 Cauchy 列, 则对任意 $\varepsilon>0$, 存在 $N>0$, 使得

$$||T_n-T_m||<\varepsilon,\quad m,n>N.$$

于是对任意 $x\in X$,

$$||T_nx-T_mx||\leqslant||T_n-T_m||\cdot||x||<\varepsilon||x||,\quad m,n>N,\tag{4.1.1}$$

那么 $\{T_nx\}$ 是 Y 中的一个 Cauchy 列. 由于 Y 完备, 所以存在 $y\in Y$, 使得

$$\lim_{n\to\infty}T_nx=y.$$

注意到极限元 y 依赖于变元 x, 故可定义空间 X 到 Y 的算子 T: $Tx=y$. 由极限运算的线性知, T 是 X 到 Y 的线性算子. 下证 T 有界, 在不等式 (4.1.1) 中, 固定 n, 令 $m\to\infty$, 依据范数的连续性, 有

$$||T_n-T||\cdot||x||\leqslant\varepsilon||x||,\quad n>N.\tag{4.1.2}$$

故 $||T_n - T|| \leqslant \varepsilon(n > N)$, 因此

$$\lim_{n\to\infty} ||T_n - T|| = 0.$$

由 (4.1.2) 式知, $T_n - T \in B(X,Y)(n > N)$. 又 $B(X,Y)$ 是线性空间, 故 $T = (T - T_n) + T_n \in B(X,Y)$, 因此 $B(X,Y)$ 是 Banach 空间.

4.2　开映射定理

许多数学问题往往归结为讨论方程 $Tx = y$ 解的存在性、唯一性及稳定性等问题, 其中 T 是从某一赋范线性空间到另一赋范线性空间的有界线性算子. 事实上, 算子 T 的可逆性及其逆算子的连续性可分别用来刻画解的存在唯一性和稳定性. 本节介绍的开映射定理、逆算子定理和闭图像定理是 Banach 空间上线性算子理论的基本定理, 它们为研究上述方程解的适定性问题提供了有力的理论保障.

4.2.1　开映射定理

设 X, Y, Z 是赋范线性空间, $T \in B(X,Y)$, $T_1 \in B(Y,Z)$. 定义算子乘积

$$(T_1T)(x) = T_1(Tx), \quad x \in X.$$

显然 T_1T 是定义在 X 上而值域包含在 Z 中的线性算子. 由于

$$||(T_1T)(x)|| \leqslant ||T_1|| \cdot ||T(x)|| \leqslant ||T_1|| \cdot ||T|| \cdot ||x||, \quad x \in X,$$

故 T_1T 为有界线性算子, 即 $T_1T \in B(X,Z)$, 且

$$||T_1T|| \leqslant ||T_1|| \cdot ||T||.$$

不难证明, 算子乘法满足结合律和分配律. 但如同矩阵相乘一样, 算子乘法一般不满足交换律, 即使 T_1T 与 TT_1 都有意义. 若 $T_1T = TT_1$, 则称 T, T_1 **可交换**.

例 4.2.1　考察 $C[0,1]$ 上的两个有界线性算子

$$(T_1x)(t) = \int_{[0,t]} x(s)\mathrm{d}s, \quad (T_2x)(t) = t \cdot x(t), \quad x \in C[0,1].$$

显然

$$(T_2T_1x)(t) = t\int_{[0,t]} x(s)\mathrm{d}s, \quad (T_1T_2x)(t) = \int_{[0,t]} sx(s)\mathrm{d}s.$$

若取 $x_0(t) = t$, $t \in [0,1]$, 则

$$(T_2T_1x_0)(t) = \frac{t^3}{2}, \quad (T_1T_2x_0)(t) = \frac{t^3}{3}.$$

因此 $(T_2T_1)x_0 \neq (T_1T_2)x_0$, 故 $T_2T_1 \neq T_1T_2$.

设 T 是由赋范线性空间 X 到 Y 的算子. 下面利用算子乘法的逆运算考虑方程

$$Tx = y, \quad x \in X \tag{4.2.1}$$

解的存在唯一性问题.

事实上, 若算子 T 有**右逆**, 记作 T_r^{-1}, 即 $TT_r^{-1} = I_Y$, 其中 I_Y 是空间 Y 中的恒等算子. 令 $x = T_r^{-1}y$, 则 $Tx = TT_r^{-1}y = y$, 故方程有解. 若算子 T 有**左逆**, 记作 T_l^{-1}, 即 $T_l^{-1}T = I_X$, 其中 I_X 是空间 X 上的恒等算子, 则 $x = T_l^{-1}Tx = T_l^{-1}y$, 故方程的解是唯一的. 而且当算子 T 的左右逆都存在时, 它们一定是相等的. 因

$$T_l^{-1} = T_l^{-1}I_Y = T_l^{-1}(TT_r^{-1}) = (T_l^{-1}T)T_r^{-1} = I_XT_r^{-1} = T_r^{-1},$$

此时称算子 T 的**逆算子**存在, 记作 T^{-1}. 综上所述, 方程 (4.2.1) 解的存在唯一性问题就可以归结为算子 T^{-1} 的存在性问题, 而算子 T 可逆当且仅当 T 是空间 X 到 Y 的**双射**.

如果方程 (4.2.1) 存在唯一的解 x, 此解在什么情况下是稳定的? 即当 y 发生微小变化时是否会引起 x 也发生微小的变化? 这就需要考虑逆算子的连续性. 既然算子连续的充要条件是开集的原像为开集, 那么 T^{-1} 连续的充要条件是 X 的任一开集在 T^{-1} 下的原像为 Y 中的开集, 这等价于算子 T 将 X 中的开集映为 Y 中的开集. 在微分方程中, 解的存在性、唯一性及稳定性统称为解的**适定性问题**, 该问题与本节将要介绍的开映射定理和逆算子定理密切相关.

定义 4.2.1 设 X, Y 是两个赋范线性空间, $T \in B(X, Y)$. 若 T 将 X 的每一开集映射为 Y 中的开集, 则称 T 为**开映射**.

定理 4.2.1 (开映射定理) 设 X, Y 是 Banach 空间, $T \in B(X, Y)$. 若 T 是满射, 即 $T(X) = Y$, 则 T 是开映射.

上述定理的证明过程比较抽象, 主要运用 Baire 纲定理, 感兴趣的读者可在许多泛函分析教材中查阅到.

Banach 于 1929 年给出下面的逆算子定理.

定理 4.2.2 (逆算子定理) 设 X, Y 是 Banach 空间, $T \in B(X, Y)$. 若 T 是双射, 则 T 的逆算子 T^{-1} 存在, 且 $T^{-1} \in B(Y, X)$.

证 因 T 是双射, 故 T^{-1} 存在. 由 T 的线性知, T^{-1} 也是线性算子. 事实上, 对任意 $y_1, y_2 \in Y$, 存在 $x_i \in X (i = 1, 2)$, 使得

$$y_i = Tx_i, \quad i = 1, 2.$$

任取 $\alpha, \beta \in K$, 有

$$T^{-1}(\alpha y_1 + \beta y_2) = T^{-1}(\alpha Tx_1 + \beta Tx_2) = T^{-1}(T(\alpha x_1 + \beta x_2))$$

$$= \alpha x_1 + \beta x_2 = \alpha T^{-1}y_1 + \beta T^{-1}y_2.$$

注意到 X, Y 是 Banach 空间且 T 有界, 利用开映射定理, 对于 X 的任一开集 G, $T(G)$ 是 Y 中的开集, 即 $(T^{-1})^{-1}(G) = T(G)$ 是开集. 故 T^{-1} 是连续映射, 从而 $T^{-1} \in B(Y, X)$.

上述定理说明, 如果 X, Y 是 Banach 空间, $T \in B(X, Y)$ 是双射, 那么 T 是开映射等价于 $T^{-1} \in B(Y, X)$. 故在 T 为单射的前提下, 逆算子定理与开映射定理是等价的.

注 在定理 4.2.1 中, 若 $T(X)$ 是 Y 中的某个第二纲集, 亦可保证 T 是满射, 反之亦然. 但满射这个条件是不可少的, 见下例.

例 4.2.2 设 $X = Y = C[0,1]$, 定义

$$(Tx)(t) = \int_{[0,t]} x(s)\mathrm{d}s, \quad x \in X.$$

由于集合 $T(X) = \{y \in C^1[0,1] : y(0) = 0\}$ 不是空间 $C[0,1]$ 中的第二类型集, 这里 $T^{-1} = \dfrac{\mathrm{d}}{\mathrm{d}t}$ 存在但不连续.

注 由定理 4.2.2 知, 在方程 (4.2.1) 中, 当 X, Y 均为 Banach 空间, 且算子 T 为双射时, 方程存在唯一的稳定解 $x = T^{-1}y$.

定义 2.3.5 已给出范数等价的概念, 且当线性空间 X 上的两个范数等价时, 这两个赋范线性空间是拓扑同构的. 下面应用逆算子定理给出范数等价的一个判定方法.

定理 4.2.3 (范数等价定理) 设 $(X, \|\cdot\|_1)$ 和 $(X, \|\cdot\|_2)$ 是 Banach 空间, 若 $\|\cdot\|_2$ 比 $\|\cdot\|_1$ 强, 则 $\|\cdot\|_1$ 和 $\|\cdot\|_2$ 等价.

证 设 I 是由空间 $(X, \|\cdot\|_2)$ 到 $(X, \|\cdot\|_1)$ 的单位算子, 显然 I 是双射. 由于 $\|\cdot\|_2$ 比 $\|\cdot\|_1$ 强, 即存在常数 $C_1 > 0$, 使得

$$\|x\|_1 \leqslant C_1\|x\|_2, \quad x \in X$$

成立, 故 I 有界. 由逆算子定理知, I^{-1} 存在且 I^{-1} 是 $(X, \|\cdot\|_1)$ 到 $(X, \|\cdot\|_2)$ 的有界线性算子, 即存在常数 $C_2 > 0$, 使得 $\|I^{-1}x\|_2 \leqslant \dfrac{1}{C_2}\|x\|_1$, $x \in X$. 于是

$$C_2\|x\|_2 \leqslant \|x\|_1 \leqslant C_1\|x\|_2,$$

因此 $\|\cdot\|_1$ 和 $\|\cdot\|_2$ 等价.

推论 设 $\|\cdot\|_1$ 与 $\|\cdot\|_2$ 是线性空间 X 上的两个等价范数, 则空间 $(X, \|\cdot\|_1)$ 完备的充要条件是空间 $(X, \|\cdot\|_2)$ 完备.

4.2.2 闭图像定理

设 X, Y 是数域 K 上的赋范线性空间, 记

$$X \times Y = \{(x, y) : x \in X, y \in Y\}.$$

由 2.2.3 节知, $X \times Y$ 按线性运算

$$(x, y) + (x_1, y_1) = (x + x_1, y + y_1), \quad (x, y), (x_1, y_1) \in X \times Y;$$

$$\alpha(x, y) = (\alpha x, \alpha y), \quad \alpha \in K$$

是数域 K 上的一个线性空间; 按范数

$$\|(x, y)\| = \|x\| + \|y\|$$

是数域 K 上的一个赋范线性空间. 特别地, 若 X 与 Y 均是 Banach 空间, 则 $X \times Y$ 也是 Banach 空间.

一元函数 $y = f(x)$ 的图像是由平面上点 $(x, f(x))$ 组成的一条曲线. 图像往往比较直观, 是研究函数性质的重要手段, 类似地, 也可以引入一般线性算子图像的概念.

定义 4.2.2 设 X, Y 是线性空间, T 是由 X 的子空间 D 到 Y 的线性算子, 称 $X \times Y$ 中的集合

$$\{(x, y) : y = Tx, x \in D\}$$

是 T 的**图像**, 记作 G_T. 显然 $(x, y) \in G_T$ 当且仅当 $x \in D$, $y = Tx$.

G_T 是 $X \times Y$ 的线性子空间. 事实上, 对任意 $\alpha, \beta \in K$ 及任意 $x, \tilde{x} \in D$, 有

$$\alpha(x, Tx) + \beta(\tilde{x}, T\tilde{x}) = (\alpha x + \beta\tilde{x}, \alpha Tx + \beta T\tilde{x}) = (\alpha x + \beta\tilde{x}, T(\alpha x + \beta\tilde{x})).$$

若 G_T 是 $X \times Y$ 中的闭集, 则称 T 为**闭线性算子**, 简称**闭算子**.

为了验证一个线性算子是闭算子, 通常应用以下判别法.

定理 4.2.4 设 X, Y 是赋范线性空间, T 是由 X 的子空间 D 到 Y 的线性算子, 则 T 为闭算子的充要条件是对任意 $\{x_n\} \subset D (n = 1, 2, \cdots)$, 若 $\{x_n\}$, $\{Tx_n\}$ 在 X, Y 中分别收敛于 x, y, 则 $x \in D$ 且 $Tx = y$.

证 **充分性** 任取 $(x, y) \in \overline{G_T}$, 则存在点列 $\{x_n\} \subset D (n = 1, 2, \cdots)$, 使得

$$\begin{aligned}\lim_{n\to\infty} \|(x_n, Tx_n) - (x, y)\| &= \lim_{n\to\infty} \|(x_n - x, Tx_n - y)\| \\ &= \lim_{n\to\infty} (\|x_n - x\| + \|Tx_n - y\|) = 0.\end{aligned}$$

于是, 当 $n \to \infty$ 时,

$$x_n \to x, \quad Tx_n \to y.$$

由假设条件知, $x \in D$ 且 $Tx = y$, 故 $(x, y) = (x, Tx) \in G_T$. 因此 $G_T = \overline{G_T}$, T 为闭算子.

必要性　设点列 $\{x_n\} \subset D(n = 1, 2, \cdots)$, 且 $x_n \to x$, $Tx_n \to y$, 其中 $x \in X$, $y \in Y$, 于是 $(x_n, Tx_n) \to (x, y)$. 由 T 为闭算子, 则 $(x, y) \in G_T$, 即 $x \in D$ 且 $Tx = y$.

定理 4.2.5　设 X, Y 是赋范线性空间, T 是由 X 的子空间 D 到 Y 的有界线性算子, T 是闭算子当且仅当 D 是 X 的闭子空间.

推论　设 X, Y 是两个赋范线性空间, T 是由 X 到 Y 的有界线性算子, 则 T 是闭算子.

例 4.2.3　已知微分算子 $Tx(t) = \dfrac{\mathrm{d}}{\mathrm{d}t}x(t)$是 $C[a, b]$ 的子空间 $C^1[a, b]$ 到 $C[a, b]$ 的无界线性算子. 下面说明 T 为闭算子, 这里

$$G_T = \{(x, y) : y = Tx, x \in C^1[0, 1]\}.$$

事实上, 若

$$\lim_{n \to \infty}(x_n, y_n) = (x, y), \quad (x_n, y_n) \in G_T,$$

即 $x_n \to x$ 且 $y_n \to y$. 由 $C[a, b]$ 中依 $\|\cdot\|$ 收敛的意义知, x_n 一致收敛于 x, $\{y_n\}$ 一致收敛于 y. 利用数学分析中求导与极限符号换序定理, x 具有连续导数且 $\dfrac{\mathrm{d}}{\mathrm{d}t}x(t) = y(t)$, 故 $x \in C^1[a, b]$, $(x, y) \in G_T$. 由定理 4.2.4, T 是闭算子.

上例说明闭算子不一定有界, 那么在什么条件下闭算子是有界算子? 这就是闭图像定理所研究的内容.

定理 4.2.6 (闭图像定理)　设 T 是由 Banach 空间 X 到 Banach 空间 Y 的闭算子, 则 T 有界.

证　因 X, Y 是 Banach 空间, 故 $X \times Y$ 是 Banach 空间. 又因 T 为闭算子, 那么 G_T 是 $X \times Y$ 中的闭集, 因此 G_T 是 Banach 空间. 定义由 G_T 到 X 的算子 $\tilde{T}$:

$$\tilde{T}(x, Tx) = x, \quad (x, Tx) \in G_T.$$

显然 $\tilde{T}$ 是线性算子, 又 $\|\tilde{T}(x, Tx)\| = \|x\| \leqslant \|x\| + \|Tx\| = \|(x, Tx)\|$, 故 $\|\tilde{T}\| \leqslant 1$, 于是 $\tilde{T} \in B(G_T, X)$. 依 $\tilde{T}$ 的定义易知 $\tilde{T}$ 是双射, 由逆算子定理, $\tilde{T}$ 存在有界的逆算子 $\tilde{T}^{-1}$. 于是对任一 $x \in X$, 有 $\tilde{T}^{-1}x = (x, Tx)$, 且 $\|\tilde{T}^{-1}x\| = \|(x, Tx)\| = \|x\| + \|Tx\|$. 而 $\|\tilde{T}^{-1}x\| \leqslant \|\tilde{T}^{-1}\| \cdot \|x\|$, 于是

$$\|Tx\| \leqslant \|\tilde{T}^{-1}\| \cdot \|x\|, \quad x \in X,$$

因此 T 有界.

注 若闭算子的定义域仅为 Banach 空间的一个真子空间, 而不是闭集, 则算子不一定有界. 如例 4.2.3 中, T 无界是由于 $C^1[a,b]$ 按 $C[a,b]$ 中的范数不是闭子空间.

4.3 共鸣定理

在研究许多分析问题时, 涉及的有界线性算子往往不止一个, 而是一族算子, 因此有必要研究算子族的整体性质. 设 X,Y 是赋范线性空间, $\{T_\alpha\}_{\alpha\in\Lambda}$ 是 $B(X,Y)$ 中的一族算子. 如果对每个 $x\in X$, $\{T_\alpha x\}_{\alpha\in\Lambda}$ 是 Y 中的有界点集, 那么 $\{||T_\alpha||\}_{\alpha\in\Lambda}$ 是否为有界数集? 1927 年, Steinhaus 和 Banach 证明了著名的共鸣定理, 回答了这个问题.

定义 4.3.1 设 X,Y 是赋范线性空间, 称算子族 $\{T_\alpha\}_{\alpha\in\Lambda}\subset B(X,Y)$ 是**一致有界的**, 是指 $\{||T_\alpha||\}_{\alpha\in\Lambda}$ 为有界集, 即

$$\sup_{\alpha\in\Lambda}\{||T_\alpha||\}<\infty.$$

定理 4.3.1 (共鸣定理) 设 $\{T_\alpha\}_{\alpha\in\Lambda}$ 是定义在 Banach 空间 X 上而值域包含在赋范线性空间 Y 中的有界线性算子族. 若对每个 $x\in X$, 有

$$\sup_{\alpha\in\Lambda}\{||T_\alpha x||\}<\infty,$$

则 $\{T_\alpha\}_{\alpha\in\Lambda}$ 一致有界.

证 对任意 $x\in X$, 定义

$$||x||_0=||x||+\sup_{\alpha\in\Lambda}||T_\alpha x||,$$

易证 $||\cdot||_0$ 是空间 X 上的一个范数且强于 $||\cdot||$. 下证空间 $(X,||\cdot||_0)$ 完备. 设 $\{x_n\}$ 是 $(X,||\cdot||_0)$ 中的一个 Cauchy 列, 则对任意 $\varepsilon>0$, 存在 $N>0$, 当 $m,n>N$ 时, 有

$$||x_n-x_m||_0<\varepsilon,$$

即

$$||x_n-x_m||+\sup_{\alpha\in\Lambda}||T_\alpha x_n-T_\alpha x_m||<\varepsilon,\quad m,n>N, \tag{4.3.1}$$

于是 $\{x_n\}$ 是空间 $(X,||\cdot||)$ 中的 Cauchy 列. 由于空间 $(X,||\cdot||)$ 完备, 故存在 $x\in X$, 使得 $||x_n-x||\to 0(n\to\infty)$. 由 (4.3.1) 式知, 当 $m,n>N$ 时,

$$\sup_{\alpha\in\Lambda}||T_\alpha x_n-T_\alpha x_m||<\varepsilon,$$

故对任一 $\alpha \in \Lambda$,

$$||T_\alpha x_n - T_\alpha x_m|| < \varepsilon, \quad m, n > N. \tag{4.3.2}$$

在 (4.3.2) 式中, 固定 n, 令 $m \to \infty$, 得

$$||T_\alpha x_n - T_\alpha x|| \leqslant \varepsilon, \quad n > N.$$

由 α 的任意性, 得

$$||x_n - x|| + \sup_{\alpha \in \Lambda} ||T_\alpha x_n - T_\alpha x|| \to 0, \quad n \to \infty,$$

即 $||x_n - x||_0 \to 0$, 故空间 $(X, ||\cdot||_0)$ 完备. 由范数等价定理知, 存在常数 $M > 0$, 满足

$$\sup_{\alpha \in \Lambda} ||T_\alpha x|| \leqslant ||x||_0 \leqslant M||x||, \quad x \in X,$$

因此 $||T_\alpha|| \leqslant M(\alpha \in \Lambda)$.

注 1　共鸣定理告诉我们, 若 $\{T_\alpha x\}_{\alpha \in \Lambda}$ 在 X 中处处有界, 则与此 "共鸣" 可以导出 $\{T_\alpha\}_{\alpha \in \Lambda}$ 一致有界, 因此共鸣定理又称**一致有界原理**.

注 2　共鸣定理的反面叙述为: 若 $\{T_\alpha\}_{\alpha \in \Lambda}$ 不一致有界, 即 $\sup\limits_{\alpha \in \Lambda}\{||T_\alpha||\} = \infty$, 则存在 $x_0 \in X$, 使得 $\sup\limits_{\alpha \in \Lambda}\{||T_\alpha x_0||\} = \infty$, 此时称 x_0 为算子族 $\{T_\alpha\}_{\alpha \in \Lambda}$ 的一个**共鸣点**.

注 3　在定理 4.3.1 中, 若空间 X 不完备, 则结论不一定成立. 如取空间 l^∞ 的非完备子集

$$A = \{x \in l^\infty : x = \{\xi_1, \xi_2, \cdots, \xi_n, 0, \cdots\}, n = 1, 2, \cdots\}.$$

在 A 上定义线性算子列

$$T_n x = n\xi_n, \quad x = \{\xi_1, \xi_2, \cdots, \xi_n, 0, \cdots\}.$$

显然 $\{T_n\}(n = 1, 2, \cdots)$ 在 A 的每一点都有界且 $||T_n|| = n$, 但数列 $\{||T_n||\}$ 无界.

下面利用共鸣定理研究算子列在强收敛方面的性质.

定理 4.3.2 (Banach-Steinhaus 定理)　设 $\{T_n\}(n = 1, 2, \cdots)$ 是由 Banach 空间 X 到 Banach 空间 Y 中的有界线性算子列, 则 $\{T_n\}$ 强收敛于算子 $T \in B(X, Y)$ 的充分必要条件是

(i) $\{T_n\}(n = 1, 2, \cdots)$ 一致有界;

(ii) 存在 X 的某个稠密子集 G, 使得对一切 $x \in G$, $\{T_n x\}$ 在 Y 中收敛.

当条件 (i), (ii) 满足时, $\{T_n\}$ 的强极限算子 T 的范数满足

$$||T|| \leqslant \varliminf_{n\to\infty} ||T_n||.$$

证　必要性　设 $\{T_n\}$ 强收敛于算子 T, 则对每个 $x\in X$, $\{T_nx\}$ 有界. 由共鸣定理知, $\{T_n\}$ 一致有界, 故结论 (i) 成立. 至于结论 (ii), 只需取 $G=X$ 便可.

充分性　因 $\{T_n\}$ 一致有界, 故存在 $M>0$, 使得 $||T_n||\leqslant M(n=1,2,\cdots)$. 任取 $x\in X$, 由于 G 在 X 中稠密, 对任意 $\varepsilon>0$, 存在 $\tilde{x}\in G$, 使得

$$||x-\tilde{x}||<\frac{\varepsilon}{3M}.$$

由条件 (ii) 知, $\{T_n\tilde{x}\}$ 在 Y 中收敛, 故存在 $N>0$, 使得对一切 $n>N$ 及任意自然数 k, 有

$$||T_{n+k}\tilde{x}-T_n\tilde{x}||<\frac{\varepsilon}{3}.$$

于是

$$\begin{aligned}||T_{n+k}x-T_nx|| &\leqslant ||T_{n+k}x-T_{n+k}\tilde{x}||+||T_{n+k}\tilde{x}-T_n\tilde{x}||+||T_n\tilde{x}-T_nx||\\ &\leqslant ||T_{n+k}||\cdot||x-\tilde{x}||+||T_{n+k}\tilde{x}-T_n\tilde{x}||+||T_n||\cdot||\tilde{x}-x||\\ &< M\cdot\frac{\varepsilon}{3M}+\frac{\varepsilon}{3}+M\cdot\frac{\varepsilon}{3M}=\varepsilon,\end{aligned}$$

所以 $\{T_nx\}$ 是 Y 中的基本点列. 由于 Y 完备, 故 $\{T_nx\}$ 为 Y 中的收敛点列. 记

$$Tx=\lim_{n\to\infty}T_nx,\quad x\in X, \tag{4.3.3}$$

则 T 在 X 上有定义. 由 $T_n(n=1,2,\cdots)$ 的线性, 易知 T 也是 X 到 Y 的线性算子. 又因

$$||Tx||=\lim_{n\to\infty}||T_nx||=\varliminf_{n\to\infty}||T_nx||\leqslant\varliminf_{n\to\infty}(||T_n||\cdot||x||)=\left(\varliminf_{n\to\infty}||T_n||\right)\cdot||x||,$$

故 T 有界, 且

$$||T||\leqslant\varliminf_{n\to\infty}||T_n||,$$

因此 $T\in B(X,Y)$. 根据 (4.3.3) 式, $\{T_n\}$ 强收敛于 T.

定理 4.3.3　设 X,Y 是 Banach 空间, 则 $B(X,Y)$ 中算子列按强收敛是完备的.

证　设 $\{T_n\}\subset B(X,Y)(n=1,2,\cdots)$, 且对任一 $x\in X$, $\{T_nx\}$ 是 Y 中的基本点列, 故 $\{T_nx\}$ 有界. 由共鸣定理知, $\{T_n\}$ 一致有界. 另一方面, 由于 Y 完备, 则 $\{T_nx\}$ 在 Y 中收敛, 由定理 4.3.2 知, $\{T_n\}$ 强收敛于某一算子 $T\in B(X,Y)$.

4.4 Hahn-Banach 延拓定理

通过对赋范线性空间上有界线性泛函的研究, 可以更加深入地了解空间自身的性质和结构. 那么任一非零赋范线性空间上是否一定存在非零的有界线性泛函? 若存在的话, 是否存在足够多的有界线性泛函以分辨不同的元素? 本节将从线性泛函延拓定理 —— Hahn-Banach 延拓定理入手, 并介绍其上几个重要的推论, 以回答赋范线性空间上非零有界线性泛函的存在性等问题, 其中 Hahn-Banach 延拓定理、Banach 逆算子定理与共鸣定理一起构成线性泛函分析的三大基本定理.

定义 4.4.1 设 X 是线性空间, f_1, f_2 分别是定义在 X 的子空间 G_1, G_2 上的线性泛函, 如果满足条件:

(i) $G_1 \subset G_2$;

(ii) $f_1(x) = f_2(x), x \in G_1$,

则称 f_2 是 f_1 在 G_2 上的一个**延拓**.

定义 4.4.2 设 X 是赋范线性空间, 若 X 上的实泛函 P 满足条件:

(i) **次可加性** $p(x+y) \leqslant p(x) + p(y), x, y \in X$;

(ii) **正齐次性** $p(\alpha x) = \alpha p(x), \alpha > 0, x \in X$,

则称 P 为**次可加正齐次泛函**. 显然赋范线性空间上的每个范数都是次可加正齐次泛函.

1929 年, Hahn 用超穷归纳法给出赋范线性空间上有界线性泛函的延拓定理. 同年, Banach 独立发表了与 Hahn 相类似的定理和证明, 并把该定理推广为一般情形, 这就是著名的 Hahn-Banach 延拓定理.

定理 4.4.1 (实空间的 Hahn-Banach 定理) 设 G 为实线性空间 X 的子空间, f 是定义在 G 上的实线性泛函, p 是定义在 X 上的次可加正齐次泛函, 且

$$f(x) \leqslant p(x), \quad x \in G,$$

则存在 X 上的实线性泛函 F, 满足

(i) $F(x) = f(x)$, $x \in G$, 即 F 是 f 在 X 上的一个延拓;

(ii) $F(x) \leqslant p(x)$, $x \in X$.

该定理的证明需要用到集合论中的 Zorn 引理, 具体证明过程可参阅相关文献.

定理 4.4.2 (复空间的 Hahn-Banach 定理) 设 G 是复赋范线性空间 X 的子空间, f 是定义在 G 上的有界线性泛函, 则 f 可以延拓到全空间 X 上且保持范数不变. 即存在定义在 X 上的有界线性泛函 F, 满足

(i) $F(x) = f(x)$, $x \in G$;

(ii) $||F|| = ||f||_G$, 这里 $||f||_G$ 表示 f 作为 G 上的有界线性泛函的范数.

证 设

$$f(x)=\varphi(x)+\mathrm{i}\psi(x),\quad x\in G,$$

其中 φ,ψ 分别表示 f 的实部与虚部. 显然 φ,ψ 均为 G 上的实线性泛函, 即满足可加性, 且对任何实数 α, 有 $\varphi(\alpha x)=\alpha\varphi(x)$ 和 $\psi(\alpha x)=\alpha\psi(x)$ 成立. 注意到 f 是复赋范线性空间上的线性泛函, 从而

$$\mathrm{i}[\varphi(x)+\mathrm{i}\psi(x)]=\mathrm{i}f(x)=f(\mathrm{i}x)=\varphi(\mathrm{i}x)+\mathrm{i}\psi(\mathrm{i}x),$$

比较两端的实部, 得

$$\varphi(\mathrm{i}x)=-\psi(x).$$

又因

$$|\varphi(x)|=|\mathrm{Re}f(x)|\leqslant|f(x)|\leqslant||f||\cdot||x||,\quad x\in G,$$

所以 φ 有界且 $||\varphi||\leqslant||f||_G$.

上述表明, 复赋范线性空间上的有界线性泛函完全由它的实部决定. 同理, 也可完全由它的虚部决定, 因此只需讨论实部 φ 的延拓即可. 不妨将 X 看成实赋范线性空间. 令

$$p(x)=||f||_G||x||,\quad x\in X,$$

则 p 是定义在 X 上的次可加正齐次泛函, 且当 $x\in G$ 时, 有

$$\varphi(x)\leqslant|f(x)|\leqslant||f||_G||x||=p(x).$$

由定理 4.4.1, φ 可延拓成 X 上的实线性泛函 φ_0, 且 $\varphi_0(x)\leqslant p(x)$, $x\in X$. 记

$$F(x)=\varphi_0(x)-\mathrm{i}\varphi_0(\mathrm{i}x),\quad x\in X,$$

下面证明 F 就是满足定理要求的泛函. 首先 F 的实线性是显然的, 又因

$$\begin{aligned}F(\mathrm{i}x)&=\varphi_0(\mathrm{i}x)-\mathrm{i}\varphi_0(-x)=\varphi_0(\mathrm{i}x)+\mathrm{i}\varphi_0(x)\\&=\mathrm{i}[\varphi_0(x)-\mathrm{i}\varphi_0(\mathrm{i}x)]=\mathrm{i}F(x),\end{aligned}$$

故 F 是复线性的. 由于对任意 $x\in G$,

$$F(x)=\varphi_0(x)-\mathrm{i}\varphi_0(\mathrm{i}x)=\varphi(x)-\mathrm{i}\varphi(\mathrm{i}x)=f(x),$$

故 F 是 f 在 X 上的一个延拓.

最后证明 F 有界且 $||F||=||f||_G$. 任取 $x\in X$, 若 $F(x)\neq0$, 令 α 为 $F(x)$ 的辐角, 则 $F(\mathrm{e}^{-\mathrm{i}\alpha}x)=\mathrm{e}^{-\mathrm{i}\alpha}F(x)$ 为非负实数, 故

$$|F(x)|=\mathrm{e}^{-\mathrm{i}\alpha}F(x)=F(\mathrm{e}^{-\mathrm{i}\alpha}x)=\varphi_0(\mathrm{e}^{-\mathrm{i}\alpha}x)\leqslant p(\mathrm{e}^{-\mathrm{i}\alpha}x)$$

$$=||f||_G||e^{-i\alpha}x||=||f||_G||x||.$$

若 $F(x)=0$, 上述不等式亦成立, 于是 $||F||\leqslant||f||_G$. 又因 F 是 f 的延拓, 故 $||F||\geqslant||f||_G$, 所以 $||F||=||f||_G$. 这样 F 便是符合条件 (i), (ii) 的泛函.

Hahn-Banach 定理的重要性主要在于下面几个推论, 它们在算子理论中有广泛的应用.

推论 1 设 G 是赋范线性空间 X 的子空间, $x_0\in X$, 若

$$\rho(x_0,G)=\inf_{x\in G}||x_0-x||=\delta>0,$$

则存在 X 上的有界线性泛函 f, 使得

$$||f||=1,\quad f(x_0)=\delta,$$

而 $f(x)=0,\ x\in G$.

证 令 $G_1=\{\alpha x_0+x:\alpha\in K,x\in G\}$, 则 G_1 是由 G 与 x_0 张成的子空间. 在 G_1 上定义

$$f_0(\alpha x_0+x)=\alpha\delta,$$

那么 f_0 是 G_1 上的线性泛函, 且

$$f_0(x_0)=\delta;\quad f_0(x)=0,\quad x\in G.$$

注意到 $\alpha\neq0$ 时, 有

$$||\alpha x_0+x||=|\alpha|\cdot\left\|x_0+\frac{x}{\alpha}\right\|\geqslant|\alpha|\delta.$$

显然, $\alpha=0$ 时, 上述不等式也成立. 故

$$|f_0(\alpha x_0+x)|=|\alpha\delta|=|\alpha|\delta\leqslant||\alpha x_0+x||,$$

因此, f_0 有界且 $||f_0||\leqslant1$.

另一方面, 取 $x_n\in G(n=1,2,\cdots)$, 使得 $||x_n-x_0||\to\delta(n\to\infty)$, 则

$$||f_0||\cdot||x_0-x_n||\geqslant|f_0(x_0-x_n)|=|f_0(x_0)-f_0(x_n)|=|f_0(x_0)|=\delta,$$

故 $||f_0||\geqslant\dfrac{\delta}{||x_0-x_n||}$, $n\to\infty$ 时得 $||f_0||\geqslant1$.

综上可知, $||f_0||=1$. 由定理 4.4.2, f_0 可保范延拓到 X 上得 f, 此时 f 满足推论 1 的全部条件.

由推论 1 可得, $x_0 \in \overline{G}$ 当且仅当对 X 上任一满足 $f(x)=0(x\in G)$ 的有界线性泛函 f, 有 $f(x_0)=0$.

推论 2 设 X 是赋范线性空间, 且 $X\neq\{\theta\}$, 则对任一 $x_0\in X$ 且 $x_0\neq\theta$, 存在 X 上的有界线性泛函 f, 使得

$$||f||=1, \quad f(x_0)=||x_0||.$$

证 令 $G=\{\theta\}$, 则 $\rho(x_0,G)=||x_0||>0$. 由推论 1 知, 推论 2 成立.

推论 2 表明, 在任一非零赋范线性空间上, 总存在非零的有界线性泛函. 同时也表明, 若对于 X 上的一切有界线性泛函 f, 均有 $f(x_0)=0$, 则 $x_0=\theta$.

推论 3 设 X 是赋范线性空间, $x_1,x_2\in X$ 且 $x_1\neq x_2$, 则存在 X 上的有界线性泛函 f, 使得 $f(x_1)\neq f(x_2)$.

证 设 $x_1\neq x_2$, 令 $z=x_1-x_2$, 则 $z\neq\theta$. 由推论 2, 存在 X 上的有界线性泛函 f, 满足 $f(z)=||z||\neq 0$, 即 $f(x_1)\neq f(x_2)$.

推论 3 表明赋范线性空间上的有界线性泛函是足够多的, 以至于任意两个不同的点都可以由某个有界线性泛函分开, 这是建立赋范线性空间共轭空间的基石.

定理 4.4.2 中满足条件 (i), (ii) 的有界线性泛函的延拓一般不唯一.

例 4.4.1 已知 $\mathbf{R}^2$ 按范数

$$||x||=|x_1|+|x_2|, \quad x=(x_1,x_2)$$

构成 Banach 空间. 令 G 为 $\mathbf{R}^2$ 中形如 $(x_1,0)$ 的向量构成的子空间, 且在 G 上定义泛函

$$f(x)=x_1, \quad x=(x_1,0).$$

显然 f 是 G 上的有界线性泛函且 $||f||_G=1$. 任取 $\alpha\in(0,1]$, 定义 $\mathbf{R}^2$ 上的有界线性泛函

$$F_\alpha(x)=x_1+\alpha x_2, \quad x=(x_1,x_2),$$

易见 F_α 是 f 的一个延拓, 故有 $||F_\alpha||\geqslant 1$. 又因

$$|F_\alpha(x)|\leqslant|x_1|+\alpha|x_2|\leqslant|x_1|+|x_2|=||x||,$$

故 $||F_\alpha||\leqslant 1$, 因此 $||F_\alpha||=||f||_G$, 于是 F_α 是 f 的一个保范延拓. 由 α 的取法知, F_α 的全体是一个不可数集.

4.5 共轭空间与共轭算子

4.4 节讨论了赋范线性空间上有界线性泛函的存在性, 本节将从更高的层次来认识有界线性泛函, 即研究赋范线性空间上全体有界线性泛函构成的空间 —— 共

轭空间. 共轭空间是由原赋范线性空间派生出的一种新空间, 它与原空间相互依赖, 特别地, 任一赋范线性空间可以等距嵌入到它的二次共轭空间中. 共轭算子是由原算子派生出的一种新算子, 是有限维空间中转置矩阵的概念在无穷维空间中的推广, 共轭算子与原算子有密切的关系, 同时也为认识原算子提供了新的工具.

4.5.1　共轭空间

定义 4.5.1　设 X 是赋范线性空间, 将 X 上全体有界线性泛函构成的赋范线性空间 $B(X,K)$ 称为 X 的**对偶空间或共轭空间**, 记为 X^*.

由于 K 完备, 明显地, X^* 亦完备.

下面给出几个常见的实赋范线性空间的对偶空间.

例 4.5.1　$(\mathbf{R}^n)^*=\mathbf{R}^n$.

证　任取 $(\alpha_1,\alpha_1,\cdots,\alpha_n)\in\mathbf{R}^n$, 定义

$$f(x)=\sum_{i=1}^{n}\alpha_i\xi_i,\quad x=(\xi_1,\xi_2,\cdots,\xi_n)\in\mathbf{R}^n,$$

显然 f 是 $\mathbf{R}^n$ 上的线性泛函, 且

$$\begin{aligned}|f(x)|=\left|\sum_{i=1}^{n}\alpha_i\xi_i\right|&\leqslant\sum_{i=1}^{n}|\alpha_i|\cdot|\xi_i|\\&\leqslant\left(\sum_{i=1}^{n}|\alpha_i|^2\right)^{\frac{1}{2}}\left(\sum_{i=1}^{n}|\xi_i|^2\right)^{\frac{1}{2}}\\&=\left(\sum_{i=1}^{n}|\alpha_i|^2\right)^{\frac{1}{2}}\cdot\|x\|,\end{aligned}$$

故 $\|f\|\leqslant\left(\sum_{i=1}^{n}|\alpha_i|^2\right)^{\frac{1}{2}}$, 因此 $f\in(\mathbf{R}^n)^*$.

反之, 取 $\mathbf{R}^n$ 的一组基 $e_i=(\underbrace{0,\cdots,0,1}_{i},0,\cdots,0)(i=1,2,\cdots,n)$, 则对任意 $x=(\xi_1,\xi_2,\cdots,\xi_n)\in\mathbf{R}^n$, 有 $x=\sum_{i=1}^{n}\xi_ie_i$. 任取 $f\in(\mathbf{R}^n)^*$, 则

$$f(x)=f\left(\sum_{i=1}^{n}\xi_ie_i\right)=\sum_{i=1}^{n}\xi_if(e_i)=\sum_{i=1}^{n}\alpha_i\xi_i,$$

其中 $\alpha_i=f(e_i)(i=1,2,\cdots,n)$. 令 $\alpha=(\alpha_1,\alpha_2,\cdots,\alpha_n)$, 显然 $\alpha\in\mathbf{R}^n$, 且

$$|f(x)|\leqslant\left(\sum_{i=1}^{n}|\alpha_i|^2\right)^{\frac{1}{2}}\cdot\|x\|,$$

故

$$||f|| \leqslant \left(\sum_{i=1}^{n}|\alpha_i|^2\right)^{\frac{1}{2}} = ||\alpha||.$$

令

$$y_i = \frac{\alpha_i}{\left(\sum_{i=1}^{n}|\alpha_i|^2\right)^{\frac{1}{2}}} \quad (i=1,2,\cdots,n),$$

则 $y=(y_1,y_2,\cdots,y_n)\in \mathbf{R}^n$ 且 $||y||=1$. 于是

$$||f|| \geqslant |f(y)| = \sum_{i=1}^{n}\alpha_i^2 \bigg/ \left(\sum_{i=1}^{n}|\alpha_i|^2\right)^{\frac{1}{2}} = \left(\sum_{i=1}^{n}|\alpha_i|^2\right)^{\frac{1}{2}},$$

所以 $||f||=||\alpha||$.

令 $T:(\mathbf{R}^n)^*\to\mathbf{R}^n$, $T(f)=\alpha$. 由上面的讨论可以看出 T 是 $(\mathbf{R}^n)^*$ 到 $\mathbf{R}^n$ 的一个等距同构映射, 因此 $(\mathbf{R}^n)^*=\mathbf{R}^n$.

下面几个例子这里只给出结论, 具体的证明过程可查阅相关文献.

例 4.5.2 $(l^1)^*=l^\infty$.

例 4.5.3 $L^1[a,b]^*=L^\infty[a,b]$.

例 4.5.4 $C[a,b]^*=V_0[a,b]$, 其中 $V_0[a,b]$ 表示 $[a,b]$ 上满足

$$f(a)=0, \quad f(t)=f(t+0), \quad t\in[a,b]$$

的有界变差函数 f 的全体.

例 4.5.5 $(l^p)^*=l^q(1<p<\infty)$, 其中 $1/p+1/q=1$.

例 4.5.6 $L^p[a,b]^*=L^q[a,b](1<p<\infty)$, 其中 $1/p+1/q=1$.

利用共轭空间 X^* 的性质, 可以得出赋范线性空间 X 的一些性质, 如可分性等.

定理 4.5.1 设 X 是赋范线性空间, 若 X^* 可分, 则 X 可分.

由于 X^* 是 Banach 空间, 所以 X^* 也有对偶空间 $(X^*)^*$, 称为 X 的**二次共轭空间**, 记作 X^{**}. 依此类推, 我们可以定义 X 的**三次共轭空间**$(X^{**})^*$, 记作 X^{***} 等.

下面讨论 X 与 X^{**} 的关系. 设 $x\in X$, 对任意 $f\in X^*$, $f(x)$ 便是一确定的值. 这样就构造出 X^* 上的一个泛函 x^{**}:

$$x^{**}(f)=f(x), \quad f\in X^*. \tag{4.5.1}$$

对任意 $f,g\in X^*$ 及任意 $\alpha,\beta\in K$, 有

$$x^{**}(\alpha f+\beta g)=(\alpha f+\beta g)(x)=\alpha f(x)+\beta g(x)$$

$$= \alpha x^{**}(f) + \beta x^{**}(g),$$

故 x^{**} 是 X^* 上的线性泛函. 由

$$|x^{**}(f)| = |f(x)| \leqslant ||f|| \cdot ||x||$$

知 x^{**} 有界且 $||x^{**}|| \leqslant ||x||$, 故 $x^{**} \in X^{**}$. 既然对任一 $x \in X$, 存在 $x^{**} \in X^{**}$ 与之对应, 因此可以定义 X 到 X^{**} 的算子: $x \mapsto x^{**}$.

定理 4.5.2　X 可等距嵌入到 X^{**}.

证　定义映射 $\tau : X \to X^{**}$,

$$\tau(x) = x^{**}, \quad x \in X.$$

显然 τ 是单射. 因为若 $\tau(x) = \tau(y)$, 则 $x^{**} = y^{**}$, 那么

$$f(x) = x^{**}(f) = y^{**}(f) = f(y), \quad f \in X^*,$$

由 Hahn-Banach 定理的推论 3 知, $x = y$.

任取 $x_1, x_2 \in X$, $\alpha, \beta \in K$, 由 (4.5.1) 式, 得

$$\begin{aligned}\tau(\alpha x_1 + \beta x_2)(f) &= (\alpha x_1 + \beta x_2)^{**}(f) = f(\alpha x_1 + \beta x_2)\\ &= \alpha f(x_1) + \beta f(x_2) = \alpha x_1^{**}(f) + \beta x_2^{**}(f)\\ &= (\alpha\tau(x_1) + \beta\tau(x_2))(f),\end{aligned}$$

因此 τ 是线性的.

对任意 $x \in X$ 且 $x \neq \theta$, 由 Hahn-Banach 定理的推论 2 知, 存在 $f \in X^*$, 使得 $||f|| = 1$, $f(x) = ||x||$. 于是

$$||x^{**}|| \geqslant ||x^{**}(f)|| = |f(x)| = ||x||.$$

综上所知, $||x^{**}|| = ||x||$, 故 τ 是 X 到 X^{**} 的子空间 $\tau(X)$ 的等距映射, 亦称 τ 是 X 到 X^{**} 的**自然嵌入映射**. 在这种意义下, X 可看成 X^{**} 的子空间, 即 $X \subset X^{**}$.

若 X 是 Banach 空间, 则可将 X 看成 X^{**} 的一个闭子空间. 一般情况下, 嵌入映射 τ 不一定是满射, 若 τ 是满射, 则称 X 是**自反空间**. 此时 X 与 X^{**} 等距同构, 在这种意义下, X 与 X^{**} 除了符号不同之外, 并无本质上的区别, 记作 $X = X^{**}$.

有限维空间、l^p 和 $L^p(1 < p < \infty)$ 都是自反空间, 而 $C[a,b], l^1, l^\infty, L^1, L^\infty$ 等不是自反空间.

空间的自反性主要是可以保证有限维赋范线性空间上的一些重要定理在无穷维空间上仍然成立.

定理 4.5.3 若 X 是自反空间, 则 X 是 Banach 空间.

证 当 X 自反时, 有 $X = X^{**}$, 由 X^{**} 的完备性, 知 X 是 Banach 空间.

关于 Banach 空间在什么条件下是自反的问题, James 经过近 20 年的研究, 得到一个很简明的判别法.

定理 4.5.4 Banach 空间 X 是自反的当且仅当对任一 $f \in X^*$, 存在 $x \in X$, $||x|| = 1$, 满足 $f(x) = ||f||$.

定理 4.5.5 若 Banach 空间 X 是自反的, 则 X 可分当且仅当 X^* 可分.

证 由定理 4.5.1 知, 只需证 X 可分时, X^* 可分. 由于 X 是自反的, 即 $X = X^{**}$. 又 X 可分, 那么 X^{**} 可分, 因此 X^* 可分.

我们已知 $(l^1)^* = l^\infty$, 且 l^1 可分, l^∞ 不可分. 利用上述定理可知 l^1 不是自反的 Banach 空间.

4.5.2 共轭算子

作为线性代数中转置矩阵的推广, 本节将介绍有界线性算子的共轭算子, 并重点讨论其性质.

设 X, Y 是赋范线性空间, $T \in B(X, Y)$. 对任意 $f \in Y^*$, 令

$$f^*(x) = f(Tx), \quad x \in X,$$

则 $f^* \in X^*$. 事实上, 由 f, T 的线性, 易知 f^* 是线性的. 且由不等式

$$|f^*(x)| = |f(Tx)| \leqslant ||f|| \cdot ||T|| \cdot ||x||$$

知 $||f^*|| \leqslant ||f|| \cdot ||T||$. 这样当 f 在 Y^* 中变化时, 就建立了一个由 Y^* 到 X^* 的有界线性算子, 记作 T^*, 即 $T^*f = f^* = fT$.

定义 4.5.2 设 X, Y 是赋范线性空间, $T \in B(X, Y)$. 定义

$$(T^*f)(x) = f(Tx), \quad f \in Y^*, \quad x \in X,$$

称 T^* 为 T 的**共轭算子或伴随算子**.

由上面的讨论知, 共轭算子 T^* 是被算子 T 唯一确定的.

例 4.5.7 $m \times n$ 实矩阵 $A = (\alpha_{ij})$ 可以看成空间 $\mathbf{R}^n$ 到 $\mathbf{R}^m$ 的一个有界线性算子, 其中

$$(Ax)_i = \sum_{j=1}^{n} \alpha_{ij}\xi_j, \quad x = (\xi_1, \xi_2, \cdots, \xi_n) \in \mathbf{R}^n, \quad i = 1, 2, \cdots, m.$$

证明 A 的共轭算子 $A^*:\mathbf{R}^m\to\mathbf{R}^n$ 所对应的矩阵为 A 的转置矩阵 A^{T}.

证 已知 $\mathbf{R}^m$ 上的有界线性泛函 f 可以表示成

$$f(y)=\sum_{i=1}^{m}c_i\eta_i,\quad y=(\eta_1,\eta_2,\cdots,\eta_m)\in\mathbf{R}^m,$$

其中 $c_i(i=1,2,\cdots,m)$ 是常数且值随 f 而定. 于是对任一 $x=(\xi_1,\xi_2,\cdots,\xi_n)\in\mathbf{R}^n$,

$$(A^*f)(x)=f(Ax)=\sum_{i=1}^{m}c_i\sum_{j=1}^{n}\alpha_{ij}\xi_j=\sum_{i=1}^{m}\sum_{j=1}^{n}\alpha_{ij}c_i\xi_j=\sum_{j=1}^{n}\left(\sum_{i=1}^{m}\alpha_{ij}c_i\right)\xi_j.$$

由上式可知

$$A^*f=\left(\sum_{i=1}^{m}\alpha_{i1}c_i,\sum_{i=1}^{m}\alpha_{i2}c_i,\cdots,\sum_{i=1}^{m}\alpha_{in}c_i\right)=A^{\mathrm{T}}f,$$

这表明 A^* 由 A 的转置矩阵 A^{T} 来表示.

定理 4.5.6 设 X,Y,Z 是赋范线性空间, $T\in B(X,Y)$, 则

(i) T^* 是有界线性算子且 $||T^*||=||T||$;

(ii) $(\alpha T_1+\beta T_2)^*=\alpha T_1^*+\beta T_2^*$, $\alpha,\beta\in K,T_1,T_2\in B(X,Y)$;

(iii) $(T_2T_1)^*=T_1^*T_2^*$, $T_1\in B(X,Y)$, $T_2\in B(Y,Z)$;

(iv) 若 T 在 Y 上有有界逆算子, 则 T^* 在 X^* 上也有有界逆算子且

$$(T^*)^{-1}=(T^{-1})^*.$$

证 (i) 由 T^* 的定义知 T^* 是线性的. 再由

$$||(T^*f)(x)||=|f(Tx)|\leqslant||f||\cdot||T||\cdot||x||,\quad x\in X,\quad f\in Y^*$$

知 $||T^*f||\leqslant||T||\cdot||f||$, 故 T^* 有界且 $||T^*||\leqslant||T||$.

另一方面, 对任意 $x\in X$, $Tx\in Y$, 若 $Tx\neq\theta$, 由 Hahn-Banach 定理的推论 2 知, 存在 $f\in Y^*$, 使得 $f(Tx)=||Tx||$, $||f||=1$. 于是

$$\begin{aligned}||Tx||&=|f(Tx)|=|(T^*f)(x)|\leqslant||T^*f||\cdot||x||\\&\leqslant||T^*||\cdot||f||\cdot||x||=||T^*||\cdot||x||,\end{aligned}$$

从而 $||T||\leqslant||T^*||$, 因此 $||T^*||=||T||$.

(ii) 对任意 $f\in Y^*$, $x\in X$, 由于

$$[(\alpha T_1+\beta T_2)^*f](x)=f((\alpha T_1+\beta T_2)(x))=\alpha f(T_1x)+\beta f(T_2x)$$

$$= \alpha T_1^* f(x) + \beta T_2^* f(x) = [(\alpha T_1^* + \beta T_2^*)(f)](x),$$

所以 $(\alpha T_1 + \beta T_2)^* = \alpha T_1^* + \beta T_2^*$.

(iii) 对任意 $f \in Z^*$, $x \in X$, 由于

$$\begin{aligned}[(T_2T_1)^* f](x) &= f[(T_2T_1)x] = f[T_2(T_1x)] \\ &= (T_2^* f)(T_1x) = [T_1^*(T_2^* f)](x) \\ &= [(T_1^*T_2^*)f)](x),\end{aligned}$$

故 $(T_2T_1)^* = T_1^*T_2^*$.

(iv) 对任意 $f \in X^*$, $x \in X$, 由于

$$[T^*(T^{-1})^* f](x) = [(T^{-1})^* f](Tx) = f(T^{-1}Tx) = f(x),$$

故 $T^*(T^{-1})^* f = f$, 从而

$$T^*(T^{-1})^* = I_{X^*},$$

其中 I_{X^*} 是 X^* 上的恒等算子. 类似地, 可以证明

$$(T^{-1})^* T^* = I_{Y^*},$$

其中 I_{Y^*} 是 Y^* 上的恒等算子, 因此 T^* 可逆且 $(T^{-1})^* = (T^*)^{-1}$.

定理 4.5.7 T 的伴随算子 T^* 也有伴随算子 $(T^*)^*$, 记作 T^{**}. 若将 X 看成 X^{**} 的子空间, 则 T^{**} 是 T 在 X^{**} 上的延拓.

证 对任意 $x \in X$, 记 x^{**} 是 x 在 X^{**} 中的对应元素, 则

$$x^{**}(f) = f(x), \quad f \in X^*,$$

因此

$$(T^{**}x^{**})(f) = x^{**}(T^* f) = (T^* f)(x) = f(Tx) = (Tx)^{**}(f).$$

由 f 的任意性, 有

$$T^{**}x^{**} = (Tx)^{**}. \tag{4.5.2}$$

将 X 看作 X^{**} 的子空间时, x^{**} 与 x 应视为同一元素, $(Tx)^{**}$ 与 Tx 亦应视为同一元素. 于是 (4.5.2) 式可以写成 $T^{**}x^{**} = Tx$, 这表明 T^{**} 是 T 在 X^{**} 上的一个延拓.

定理 4.5.8 设 X, Y 是 Banach 空间, $T \in B(X, Y)$, 则下面四个条件等价:

(i) $T: X \to Y$ 拓扑同构;

(ii) $T^*: Y^* \to X^*$ 拓扑同构;

(iii) T 与 T^* 皆为满射;

(iv) T 与 T^* 皆有有界逆.

4.6 弱收敛与弱*收敛

点列依范数收敛是一种比较强的收敛方式, 其伴随的分析性质自然较好, 如空间 $C[a,b]$ 中依范数收敛等价于一致收敛. 但在许多情况下, 即使在较弱的收敛情形下也能得到所需的结果, 这样可以适当放宽收敛条件, 拓宽相应定理的使用范围. 本节将给出弱于依范数收敛的两种收敛方式 —— 弱收敛与弱*收敛, 并讨论它们的基本性质.

4.6.1 弱收敛

定义 4.6.1 设 X 是赋范线性空间, $x_0, x_n \in X(n=1,2,\cdots)$. 若对于任意 $f\in X^*$, 有

$$\lim_{n\to\infty} f(x_n) = f(x_0),$$

则称 $\{x_n\}$**弱收敛**于 x_0, 记作 $x_n \xrightarrow{w} x(n\to\infty)$, 并称 x_0 是 $\{x_n\}$ 的**弱极限**.

注 空间 X^* 上 $f_n \xrightarrow{w} f$ 的含义是: 对任一 $x^{**}\in X^{**}$, 有 $x^{**}(f_n)\to x^{**}(f)$.

定理 4.6.1 设 X 是赋范线性空间, $x, x_n \in X(n=1,2,\cdots)$, 且 $x_n \xrightarrow{w} x(n\to\infty)$, 则

(i) 弱极限唯一;

(ii) 点列依范数收敛蕴含弱收敛.

证 (i) 若 $x_n \xrightarrow{w} x$ 且 $x_n \xrightarrow{w} x'$, 则对任意 $f\in X^*$, 有 $f(x_n)\to f(x)$ 与 $f(x_n)\to f(x')$ 成立, 由极限唯一性知, $f(x-x')=f(x)-f(x')=0$. 根据 Hahn-Banach 定理的推论 3 知, $x=x'$.

(ii) 设 $x_n\to x$, 即 $\|x_n-x\|\to 0(n\to\infty)$. 对任一 $f\in X^*$, 有

$$|f(x_n)-f(x)| = |f(x_n-x)| \leqslant \|f\|\cdot\|x_n-x\| \to 0,$$

因此 $x_n \xrightarrow{w} x$.

定理 4.6.2 设 X 是赋范线性空间, $x,y,x_n,y_n\in X(n=1,2,\cdots)$, $\alpha,\beta\in K$. 若 $x_n \xrightarrow{w} x$, $y_n \xrightarrow{w} y(n\to\infty)$, 则

$$\alpha x_n+\beta y_n \xrightarrow{w} \alpha x+\beta y, \quad n\to\infty.$$

证 对任一 $f\in X^*$, 直接计算得

$$f(\alpha x_n+\beta y_n)=\alpha f(x_n)+\beta f(y_n)\to \alpha f(x)+\beta f(y) = f(\alpha x+\beta y),$$

故结论成立.

例 4.6.1 在有限维空间中, 强收敛与弱收敛等价.

证 设 X 是 n 维 Banach 空间, $\{e_1, e_2, \cdots, e_n\}$ 是 X 的一组基向量, 下面只需证 X 中的任一弱收敛序列是强收敛的即可. 设 $x_0, x_m \in X(m=1,2,\cdots)$ 且 $x_m \xrightarrow{w} x_0$, 其中

$$x_0 = x_1^{(0)}e_1 + x_2^{(0)}e_2 + \cdots + x_n^{(0)}e_n,$$

$$x_m = x_1^{(m)}e_1 + x_2^{(m)}e_2 + \cdots + x_n^{(m)}e_n \quad (m=1,2,\cdots).$$

那么对于任一 $f \in X^*$, 有

$$f(x_m) \to f(x_0), \quad m \to \infty.$$

定义 $f_i(i=1,2,\cdots,n)$, 满足

$$f_i(e_j) = \begin{cases} 1, & i=j, \\ 0, & i \neq j, \end{cases}$$

则 $f_i \in X^*$ 且 $f_i(x_0) = x_i^{(0)}$, $f_i(x_m) = x_i^{(m)}$. 由 $f_i(x_m) \to f_i(x_0)$, 即 $x_i^{(m)} \to x_i^{(0)}(m \to \infty)(i=1,2,\cdots,n)$, 得 x_m 的每个坐标收敛于 x_0 的相应坐标, 故 x_m 强收敛于 x_0.

因在微积分中主要讨论有限维空间上的函数, 故无须引入弱收敛的概念.

注 例 4.6.1 的逆并不成立, Schur 在 1921 年证明了在空间 l^1 上, 强收敛与弱收敛等价.

例 4.6.2 在空间 l^1 中, 强收敛与弱收敛等价.

例 4.6.3 在空间 l^2 中, 弱收敛不是强收敛.

证 设 $e_n = (\underbrace{0,\cdots,0,1}_{n},0,\cdots)(n=1,2,\cdots)$ 是 l^2 的一个 Schauder 基. 对任一 $f \in (l^2)^* = l^2$, 存在 $x=(x_1,x_2,\cdots) \in l^2$, 使得

$$f(e_n) = x_n \to 0, \quad n \to \infty,$$

故 $e_n \xrightarrow{w} \theta$, 但 $\|e_n - e_m\| = \sqrt{2}(n \neq m)$, 因此 e_n 不强收敛.

下面给出判定点列弱收敛的一个等价条件.

定理 4.6.3 设 X 是赋范线性空间, $x, x_n \in X(n \in \mathbf{N})$, 则 $x_n \xrightarrow{w} x$ 的充分必要条件是

(i) $\{x_n\}$ 有界;

(ii) 存在 X^* 的某个稠密子集 G, 使得对一切 $f \in G$, 有

$$\lim_{n\to\infty} f(x_n) = f(x).$$

证 把 X 自然嵌入 X^{**}, 那么 $\{x_n\}$ 就可以看成 X^{**} 中的序列, 即每一 x_n 是 X^* 上的有界线性泛函. 直接利用 Banach-Steinhaus 定理就可以得到本定理的全部结果.

定义 4.6.2 设 X 是赋范线性空间, A 是 X 的子集, 若 A 中任一点列都含有弱收敛子列, 则称 A 是**弱列紧**的; 若收敛点都属于 A, 则称 A 为**弱紧**的.

定理 4.6.4 Banach 空间 X 是自反的当且仅当 X 的任一有界集是弱列紧的.

因此与列紧性 (紧性) 刻画了有限维 Banach 空间的特征相类似, 弱列紧性 (弱紧性) 刻画了自反 Banach 空间的特性.

4.6.2 弱*收敛

定义 4.6.3 设 X 为赋范线性空间, $f, f_n \in X^*$, 若对于任意 $x \in X$,

$$\lim_{n\to\infty} f_n(x) = f(x),$$

则称 $\{f_n\}$**弱*收敛**于 f, 并称 f 是 $\{f_n\}$ 的**弱*极限**, 记作 $f_n \xrightarrow{w^*} f$.

注 将 $\{f_n\}$ 看作一个算子列, 则弱*收敛即是算子列的强收敛, 只是叫法上不同而已.

定理 4.6.5 设 X 是赋范线性空间, $f, f_n \in X^*$, 且 $f_n \xrightarrow{w^*} f$, 则

(i) 弱*极限唯一;

(ii) 弱收敛蕴含弱*收敛;

(iii) $\{\|f_n\|\}$ 有界.

证 (i) 若 $f_n \xrightarrow{w^*} f$, 且 $f_n \xrightarrow{w^*} g$, 则对于任一 $x \in X$, 有 $f(x) = g(x)$, 于是 $f = g$.

(ii) 对于任意 $x \in X$, 因 X 可以等距嵌入 X^{**} 中, 故存在 $x^{**} \in X^{**}$, 使得

$$x^{**}(f) = f(x), \quad f \in X^{**}.$$

若 $f_n \xrightarrow{w} f$ 成立, 则有 $x^{**}(f_n) \to x^{**}(f)$, 即 $f_n(x) \to f(x)$, 因此 $f_n \xrightarrow{w^*} f$.

(iii) 由 $f_n \xrightarrow{w^*} f$, 则对任意 $x \in X$, 有

$$\lim_{n\to\infty} f_n(x) = f(x),$$

故 $\{f_n(x)\}$ 有界, 即 $\sup\limits_{n\in\mathbf{N}} |f_n(x)| < \infty$. 由共鸣定理知, $\{\|f_n\|\}$ 有界.

定理 4.6.6 设 X 是自反空间, 则在空间 X^* 上弱收敛与弱*收敛等价.

应用 Banach-Steinhaus 定理, 相应地有如下结论.

定理 4.6.7 设 X 为赋范线性空间, $\{f_n\}(n = 1, 2, \cdots)$ 是 X 上的一个有界线性泛函序列, 则 $\{f_n\}$ 弱*收敛于某个 $f \in X^*$ 的充要条件是:

(i) $\{f_n\}$ 一致有界;

(ii) 存在 X 的稠密子集 G, 使得对任意 $x \in G$, 有 $\{f_n(x)\}$ 收敛.

定理 4.6.8 设 X 是可分的赋范线性空间, 则 X^* 中的任一有界线性泛函序列必含有一个弱*收敛子列.

证 设 $\{f_n\}(n=1,2,\cdots)$ 是 X 上的一个有界线性泛函序列. 因 X 可分, 故 X 中存在可列的稠密子集 $\{x_k\}(k=1,2,\cdots)$. 由于数列 $\{f_n(x_1)\}(n=1,2,\cdots)$ 有界, 注意到有界数集是列紧集, 于是从 $\{f_n\}$ 中可选出子序列 $\{f_n^{(1)}\}$, 使数列 $\{f_n^{(1)}(x_1)\}$ 收敛. 同理从 $\{f_n^{(1)}\}$ 中又可选出子序列 $\{f_n^{(2)}\}$, 使数列 $\{f_n^{(2)}(x_2)\}$ 收敛. 依此类推, 可得 $\{f_n\}$ 的一系列子序列:

$$\begin{array}{c} f_1^{(1)}, f_2^{(1)}, f_3^{(1)}, \cdots; \\ f_1^{(2)}, f_2^{(2)}, f_3^{(2)}, \cdots; \\ \cdots\cdots \\ f_1^{(n)}, f_2^{(n)}, f_3^{(n)}, \cdots; \\ \cdots\cdots \end{array}$$

其中每一行是前一行的子序列, 而且对每个给定的 $k(k=1,2,\cdots)$, 数列

$$f_1^{(k)}(x_k), f_2^{(k)}(x_k), f_3^{(k)}(x_k), \cdots$$

收敛. 用对角线法可以抽取 $\{f_n\}$ 的子序列 $\{f_n^{(n)}\}$, 对每个 $x_k(k=1,2,\cdots)$, 数列

$$f_1^{(1)}(x_k), f_2^{(2)}(x_k), \cdots, f_n^{(n)}(x_k), \cdots$$

均收敛. 由于 $\{f_n^{(n)}\}$ 一致有界, 且 $\{x_k\}$ 在 X 中稠密, 由定理 4.6.7 的充分性知, $\{f_n^{(n)}\}$ 弱*收敛于某一有界线性泛函.

4.7 紧线性算子

设 X, Y 是赋范线性空间, $T \in B(X,Y)$. 当 Y 是有限维空间时, T 将 X 中任一有界集映为 Y 中的列紧集; 当 Y 是无穷维空间时, T 将 X 中任一有界集映为 Y 中的有界集, 而不一定是列紧集. 为了达到一个更接近于有限维空间情形的结果, 可以在无穷维空间中引入一类重要的、具有良好性质的算子 —— 紧算子.

定义 4.7.1 设 X, Y 是赋范线性空间, 若算子 $T: X \to Y$ 将 X 中任一有界集映为 Y 中的列紧集, 称 T 为**紧算子**. 若紧算子 T 是线性的, 称 T 为**紧线性算子**, 从 X 到 Y 的紧线性算子全体记为 $C(X,Y)$, 特别地, 当 $X=Y$ 时, 记作 $C(X)$.

从定义可以直接得出紧算子的两个等价判定:

(i) $T: X \to Y$ 为紧算子当且仅当对 X 中的任一有界点列 $\{x_n\}$, $\{Tx_n\}$ 中有收敛子列;

(ii) $T: X \to Y$ 为紧算子当且仅当 T 将 X 中的单位开球 (或闭球) 映为 Y 中的列紧集.

例 4.7.1　设 I 是无穷维赋范线性空间 X 上的恒等算子, 则 I 不是紧算子.

证　若 I 是紧算子, 则 X 的单位闭球 B 在 I 下的像 B 为 X 的列紧集, 那么 X 是有限维赋范线性空间, 这与题设矛盾, 故 I 不是紧算子.

例 4.7.2　定义积分算子 $T: C[a,b] \to C[a,b]$,

$$(Tx)(t) = \int_{[a,b]} k(t,s)x(s)\mathrm{d}s, \quad x \in C[a,b],$$

其中 $k(t,s)$ 在 $[a,b] \times [a,b]$ 上连续, 则 T 是紧线性算子.

证　显然 T 是线性算子. 设 $A \subset C[a,b]$ 且 A 有界, 即存在常数 $L > 0$, 使得 $||x|| \leqslant L$, $x \in A$. 因 $k(t,s)$ 在 $[a,b] \times [a,b]$ 上连续, 故 $k(t,s)$ 在 $[a,b] \times [a,b]$ 上有界, 令 $M = \max\limits_{t,s \in [a,b]} |k(t,s)|$. 那么对任意 $x \in A$,

$$\begin{aligned}
||Tx|| &= \max_{t \in [a,b]} \left| \int_{[a,b]} k(t,s)x(s)\mathrm{d}s \right| \\
&\leqslant \max_{t \in [a,b]} \int_{[a,b]} |k(t,s)x(s)|\mathrm{d}s \\
&\leqslant LM(b-a),
\end{aligned}$$

因此 $T(A)$ 一致有界. 由于 $k(t,s)$ 在 $[a,b] \times [a,b]$ 上连续, 则 $k(t,s)$ 关于 t 在 $[a,b]$ 上一致连续, 即对任意 $\varepsilon > 0$, 存在 $\delta > 0$, 使得当 $|t_2 - t_1| < \delta$ 时, 有

$$|k(t_2,s) - k(t_1,s)| < \frac{\varepsilon}{L(b-a)}, \quad s \in [a,b].$$

于是, 对任意 $x \in A$, 当 $|t_2 - t_1| < \delta$ 时, 有

$$||(Tx)(t_2) - (Tx)(t_1)|| \leqslant \int_{[a,b]} |k(t_2,s) - k(t_1,s)| \cdot ||x||\mathrm{d}s < \varepsilon,$$

故 $T(A)$ 等度连续. 由 Arzela-Ascoli 定理知, $T(A)$ 是列紧的, 因此 T 为紧线性算子.

定理 4.7.1　紧线性算子是有界线性算子.

证　设 $T: X \to Y$ 是紧线性算子, 则 T 将 X 中任一有界集映为 Y 中的列紧集, 而列紧集是有界的, 于是 T 将 X 中的任一有界集映为 Y 中的有界集, 故 T 是有界线性算子.

定理 4.7.2 设 X, Y 是赋范线性空间, 若 $T \in B(X,Y)$, 且 $\dim R(T) < \infty$, 则 $T \in C(X,Y)$.

证 对任一有界点列 $\{x_n\} \subset X$, 因 T 是有界算子, 故 $\{Tx_n\}$ 是 $R(T)$ 中的有界点列. 由于 $\dim R(T) < \infty$, 利用聚点定理知, $\{Tx_n\}$ 存在收敛子列, 因此 $T \in C(X,Y)$.

容易看出, 若 X 是赋范线性空间, 则对任意 $f \in X^*$, f 是紧线性算子.

定理 4.7.3 设 X 是赋范线性空间, $T \in C(X)$, $S \in B(X)$, 则 TS, ST 都是 X 上的紧线性算子.

证 设 $A \subset X$ 且 A 有界. 首证 TS 是紧算子, 因 $S \in B(X)$, 故 $S(A)$ 有界. 又因 $T \in C(X)$, 故 $T(S(A)) = (TS)(A)$ 是列紧集, 所以 TS 是紧算子. 下证 TS 紧算子. 因 T 是紧算子, 故 $T(A)$ 是列紧集. 因 S 连续, 所以 $(ST)(A)$ 是列紧集, 从而 ST 是紧算子.

推论 在无穷维赋范线性空间中, 紧算子不存在有界逆算子.

定理 4.7.4 设 X 是赋范线性空间, Y 是 Banach 空间, 则 $C(X,Y)$ 按算子线性运算及算子范数是 $B(X,Y)$ 的闭子空间, 故 $C(X,Y)$ 完备.

证 由定理 4.7.1 知, $C(X,Y)$ 是 $B(X,Y)$ 的子空间. 下面证 $C(X,Y)$ 是 $B(X,Y)$ 的闭子空间, 设 $\{T_n\} \subset C(X,Y)$, 且 $T_n \xrightarrow{u} T (n \to \infty)$. 任取 X 中的有界点列 $\{x_n\}$, 那么存在常数 $M > 0$, 使得 $\|x_n\| < M (n = 1, 2, \cdots)$. 由于 T_1 是紧算子, 因此存在 $\{x_n\}$ 的子列 $\{x_n^{(1)}\}$, 使得 $\{T_1 x_n^{(1)}\}$ 收敛. 同理, 由于 T_2 是紧算子, 点列 $\{x_n^{(1)}\}$ 有界, 因此存在 $\{x_n^{(1)}\}$ 的子列 $\{x_n^{(2)}\}$, 使得 $\{T_2 x_n^{(2)}\}$ 收敛. 依此类推, 对任意自然数 k, 可以找到子列 $\{x_n^{(k)}\}$, 使得 $\{T_k x_n^{(k)}\}$ 收敛, 于是 $\{T_k x_n^{(k)}\}$ 是 Y 中的 Cauchy 列. 取 $\{x_n\}$ 的子列 $\{x_n^{(n)}\}$, 那么对任一给定自然数 k, $\{T_k x_n^{(n)}\}$ 是 Y 中的 Cauchy 列.

对于任意 $\varepsilon > 0$, 由 $T_n \xrightarrow{u} T$ 可知, 存在 $k_0 \in \mathbf{N}$, 使得

$$\|T_{k_0} - T\| < \frac{\varepsilon}{3M}. \tag{4.7.1}$$

由于 $\{T_{k_0} x_n^{(n)}\}$ 是 Y 中的 Cauchy 列, 故存在 $N > 0$, 当 $m, n > N$ 时, 有

$$\|T_{k_0} x_n^{(n)} - T_{k_0} x_m^{(m)}\| < \frac{\varepsilon}{3}. \tag{4.7.2}$$

由 (4.7.1) 和 (4.7.2) 知, 当 $m, n > N$ 时,

$$\begin{aligned}\left\|Tx_n^{(n)} - Tx_m^{(m)}\right\| &\leqslant \left\|Tx_n^{(n)} - T_{k_0}x_n^{(n)}\right\| + \left\|T_{k_0}x_n^{(n)} - T_{k_0}x_m^{(m)}\right\| + \left\|T_{k_0}x_m^{(m)} - Tx_m^{(m)}\right\| \\ &\leqslant \|T - T_{k_0}\| \cdot \|x_n^{(n)}\| + \left\|T_{k_0}x_n^{(n)} - T_{k_0}x_m^{(m)}\right\| + \|T_{k_0} - T\| \cdot \|x_m^{(m)}\| \\ &< \varepsilon,\end{aligned}$$

那么 $\{Tx_n^{(n)}\}$ 为 Y 中的 Cauchy 列. 由于 Y 是 Banach 空间, 则 $\{Tx_n^{(n)}\}$ 在 Y 中的收敛, 故 $T \in C(X,Y)$, 即 $C(X,Y)$ 是 $B(X,Y)$ 的闭子空间, 因此 $C(X,Y)$ 完备.

定理 4.7.5　设 X, Y 是赋范线性空间, 若 $T \in C(X,Y)$, 则 T 将 X 中的弱收敛点列映为 Y 中的强收敛点列.

证　设在 X 中 $x_n \xrightarrow{w} x$, 若 $Tx_n \to Tx(n \to \infty)$ 不成立, 则存在 $\varepsilon_0 > 0$ 及 $\{x_n\}$ 的子列 $\{x_{n_k}\}$, 满足

$$||Tx_{n_k} - Tx|| \geqslant \varepsilon_0, \quad k = 1, 2, \cdots. \tag{4.7.3}$$

因 $\{x_{n_k}\}$ 有界及 T 是紧线性算子, 知 $\{Tx_{n_k}\}$ 有收敛子列, 不妨就设 $\{Tx_{n_k}\} \to y$. 在 (4.7.3) 式中令 $k \to \infty$, 得

$$||y - Tx|| \geqslant \varepsilon_0. \tag{4.7.4}$$

任取 $f \in Y^*$, 有 $T^*f \in X^*$, 由 $x_{n_k} \xrightarrow{w} x$, 得

$$f(Tx_{n_k}) = (T^*f)(x_{n_k}) \to (T^*f)(x) = f(Tx).$$

注意到 f 是连续的, 依假设条件知 $f(Tx_{n_k}) \to f(y)$. 由极限的唯一性得, $f(Tx) = f(y)$, 再由 f 的任意性, 有

$$Tx = y.$$

这与 (4.7.4) 式相矛盾, 故 $Tx_n \to Tx$.

定理 4.7.6　设 X, Y 是赋范线性空间, 若 $T \in C(X,Y)$, 则 $T^* \in C(Y^*, X^*)$.

习　题　4

1. 算子 T 定义如下

$$T(\xi_1, \xi_2, \cdots, \xi_n, \cdots) = \left(\xi_1, \frac{\xi_2}{2}, \cdots, \frac{\xi_n}{n}, \cdots\right),$$

其中 $(\xi_1, \xi_2, \cdots, \xi_n, \cdots) \in l^\infty$. 证明 T 是空间 l^∞ 到其自身的一个有界线性算子.

2. 设 $\alpha(\cdot)$ 是定义在 $[a,b]$ 上的函数, 令

$$(Tx)(t) = \alpha(t)x(t), \quad x \in C[a,b],$$

则 T 是 $C[a,b]$ 到其自身的有界线性算子当且仅当 $\alpha(\cdot)$ 在 $[a,b]$ 上连续.

3. 证明有限维赋范线性空间 X 到任意赋范线性空间 Y 的线性算子 T 均有界.

4. 设 $\sup\limits_{n\geqslant 1} ||\alpha_n|| < \infty$, 在空间 l 上定义线性算子

$$T(\xi_1, \xi_2, \cdots, \xi_n, \cdots) = (\alpha_1\xi_1, \alpha_2\xi_2, \cdots, \alpha_n\xi_n, \cdots), \quad (\xi_1, \xi_2, \cdots, \xi_n, \cdots) \in l.$$

证明 T 是有界线性算子且 $||T|| = \sup\limits_{n\geqslant 1} |\alpha_n|$.

5. 设 X, Y 是赋范线性空间, $T \in B(X,Y)$, 则对任意 $K > 1$, 存在 $x \in X$, 满足 $||Tx|| = ||T||$ 且 $||x|| < K$.

6. 设 $(Tx)(t) = tx(t)$, 若将 T 看作空间 $L^2[0,1]$ 到 $L^2[0,1]$ 的线性算子, 求 $||T||$.

7. 设 X, Y 是赋范线性空间, 若点列 $\{x_n\} \subset X$ 强收敛于 $x \in X$, 算子列 $\{T_n\}$ 一致收敛于 T, 则 $\{Tx_n\}$ 强收敛于 Tx.

8. 设 $\{T_n\} \subset B(Y,Z)$, $\{S_n\} \subset B(X,Y)$, 其中 X, Z 是赋范线性空间, Y 是 Banach 空间. 若 $\{T_n\}$ 强收敛于 T, $\{S_n\}$ 强收敛于 S, 则 $\{T_nS_n\}$ 强收敛于 TS.

9. 设 X 是赋范线性空间, $G \subset X$, $x_0 \in X$. 证 $x_0 \in \bar{G}$ 的充要条件是对 X 上任一满足 $f(x) = 0, x \in G$ 的有界线性泛函 f, 恒有 $f(x_0) = 0$.

10. 设 X, Y 是 Banach 空间, $T: X \to Y$ 是双射, 则 T 是开映射当且仅当 T^{-1} 连续.

11. 设 X, Y 是赋范线性空间, T 是由 X 的子空间 D 到 Y 的有界线性算子, 则 T 是闭算子当且仅当 D 是 X 的闭子空间.

12. 若线性闭算子有逆算子, 证明逆算子是闭的.

13. 设 X, Y 是赋范线性空间, $T: X \to Y$ 是线性闭算子. 试证

(i) T 映 X 中的任一紧集为 Y 中的闭集;

(ii) Y 中任一紧集关于 T 的原像是 X 中的闭集.

14. 设 X 是 Banach 空间, 对任意 $f \in X^*$, 是否一定存在 $x \in X$ 且 $||x|| = 1$, 使得 $f(x) = ||f||$ 成立?

15. 设 X, Y 是 Banach 空间, $T \in B(X,Y)$ 且为满射, 在 Y 中有收敛点列 $y_n \to y$, 则存在常数 $K > 0$ 及 X 中的收敛点列 $x_n \to x$, 满足 $Tx_n \to y$ 且 $||x_n|| \leqslant K||y_n||(n = 1, 2, \cdots)$.

16. 用范数等价定理证明空间 $(C[0,1], ||\cdot||_1)$ 不完备, 其中

$$||x||_1 = \int_{[0,1]} |x(t)|\mathrm{d}t, \quad x \in C[0,1].$$

17. 设 Banach 空间 X 是其闭子空间 Y, Z 的直和, 即 $X = Y \oplus Z$. 证存在常数 $K > 0$, 使得对任一 $x \in X$, 有 $||y|| \leqslant K||x||$, $||z|| \leqslant K||x||$, 其中 $x = y + z$, $y \in Y$, $z \in Z$.

18. 设 X 是 Banach 空间, Y 是赋范线性空间, $\{T_n\} \subset B(X,Y)(n = 1, 2, \cdots)$. 若 $\sup\limits_{n \geqslant 1} ||T_n|| = \infty$, 则存在点 $x_0 \in X$, 使得 $\sup\limits_{n \geqslant 1} ||T_nx_0|| = \infty$.

19. 设 X, Y 是赋范线性空间, 且 $\{T_n\} \subset B(X,Y)(n = 1, 2, \cdots)$, 集合 $A \subset X$ 是使 $\sup\limits_{n \geqslant 1} ||T_nx|| < \infty$ 的点 x 的全体, 则要么 $A = X$, 要么 A 是 X 中的第一类型集.

20. 证明有限维赋范线性空间是自反的.

21. 设 X 赋范线性空间, 证明共轭空间 X^* 完备.

22. 设 X 是赋范线性空间, 点列 $\{x_n\} \subset X$. 若对任一 $f \in X^*$, 数列 $\{f(x_n)\}$ 有界, 证明 $\{x_n\}$ 有界.

23. 在赋范线性空间 X 中, 如果依范数收敛与弱收敛是等价的, 那么 X 一定是有限维空间吗?

24. 设 X, Y 是赋范线性空间, $T \in B(X,Y)$. 若在 X 中有 $x_n \xrightarrow{w} x(n \to \infty)$, 则

$$Tx_n \xrightarrow{w} Tx \quad (n \to \infty).$$

25. 证明在空间 $l^p(p>1)$ 中, 点列 $\{x_n\}$ 弱收敛于 x_0 的充要条件是:

(i) 点列 $\{x_n\}$ 有界;

(ii) $\{x_n\}$ 依坐标收敛于 x_0.

26. 试在空间 $L^p[a,b](1<p<\infty)$ 中找出一个弱收敛但不依范数收敛的点列.

27. 证明闭子空间对弱收敛是封闭的.

28. 证明定义在空间 $C[0,1]$ 上的算子 $T:(Tx)(t)=\int_{[0,t]}x(s)\mathrm{d}s$ 是紧线性算子.

29. 在空间 l^2 中定义算子:

$$T(\xi_1,\xi_2,\cdots,\xi_n,\cdots)=\left(\xi_1,\frac{\xi_2}{2},\cdots,\frac{\xi_n}{n},\cdots\right),\quad (\xi_1,\xi_2,\cdots,\xi_n,\cdots)\in l^2,$$

证明 T 是紧线性算子.

30. 设 X,Y 是 Banach 空间, $T\in B(X,Y)$. 若 $R(T)$ 是闭集且 $\dim R(T)=\infty$, 则 T 不是紧算子.

31. 设 X 是赋范线性空间, Y 是 Banach 空间, $T\in B(X,Y)$. 若 T^* 是紧算子, 则 T 是紧算子.

第 5 章　Hilbert 空间上的有界线性算子

第 4 章介绍了 Banach 空间上有界线性算子及其相关性质. 本章首先讨论 Hilbert 空间的自共轭性, 这主要表现为著名的 Riesz 定理. 借此, 我们定义 Hilbert 空间上共轭算子, 与 Banach 空间上共轭算子相比, 更便于得到许多关于共轭算子更深刻的性质. 作为线性代数中正规矩阵、对称矩阵与酉矩阵 (实的 Hermite 对称矩阵就是对称矩阵, 实的酉矩阵就是正交矩阵) 的推广, 我们在 5.2 节引入了几类常用的算子: 正规算子, 自伴算子与酉算子. 最后, 我们重点探讨 Hilbert 空间上的投影算子及其代数运算.

5.1　Hilbert 空间的自共轭性

本节将介绍 Hilbert 空间上的有界线性泛函的一般形式, 由此得到 Hilbert 空间是自共轭空间.

定理 5.1.1 (F. Riesz 定理)　设 f 是 Hilbert 空间 H 上的有界线性泛函, 则在 H 中存在唯一的元素 y, 使得对任意的 $x \in H$, 皆有

$$f(x) = (x, y), \tag{5.1.1}$$

且 $||f|| = ||y||$. 反之, 对任一 $y \in H$, 等式 $f(x) = (x, y)$ 唯一确定一个有界线性泛函 f, 且 $||f|| = ||y||$.

证　设 f 是定义在 H 上的有界线性泛函. 令

$$M = \{x : x \in H, f(x) = 0\},$$

易见 M 是 H 的真闭线性子空间. 若 $M = X$, 则取 $y = \theta$ 即可. 现在设 $M \neq X$, 则 $M^{\perp} \neq \{\theta\}$. 由第 3 章 Hilbert 空间的正交分解定理, 在 $M^{\perp}$ 中可取非零元 y_0 且使得 $||y_0|| = 1$.

对任意的 $x \in H$, 令

$$x_0 = x - \frac{f(x)}{f(y_0)} y_0,$$

则 $f(x_0) = 0$, 从而 $x_0 \in M$. 于是,

$$0 = (x_0, y_0) = (x, y_0) - \frac{f(x)}{f(y_0)}(y_0, y_0) = (x, y_0) - \frac{f(x)}{f(y_0)}.$$

令 $y=\overline{f(y_0)}y_0$, 则有 $f(x)=(x,y)$.

下证 y 的唯一性及等式 $||f||=||y||$. 若存在 $z\in H$, 使得等式 (5.1.1) 对一切 $x\in H$ 成立, 则

$$(x,y-z)=0.$$

特别地, 取 $x=y-z$, 则 $||y-z||=0$, 从而 $y=z$. 由 Schwarz 不等式, 对任意的 $x\in H$, 我们有

$$|f(x)|=|(x,y)|\leqslant ||x||\cdot||y||,$$

故 $||f||\leqslant||y||$. 另一方面, 在等式 (5.1.1) 中取 $x=y$ 得

$$||f||\cdot||y||\geqslant|f(y)|=|(y,y)|=||y||^2,$$

故 $||f||\geqslant||y||$. 于是 $||f||=||y||$.

反之, 对 H 中任一元素 y, 由内积的性质和 Schwarz 不等式, $f(x)=(x,y)$ 定义了 H 上的有界线性泛函. 对 $||f||=||y||$, 上面已经证明.

利用 Riesz 表示定理, 我们可对 Hilbert 空间作进一步探讨. 由 (5.1.1) 式, 作 $H\to H^*$ 的映射 T 如下：

$$T:y\to f_y,\quad y\in H.$$

首先, 我们可以看到 T 是共轭线性的, 即对任意的 $\alpha,\beta\in K$, $y,z\in H$,

$$T(\alpha y+\beta z)=\overline{\alpha}Ty+\overline{\beta}Tz.$$

事实上,

$$\begin{aligned}f_{\alpha y+\beta z}(x)&=(x,\alpha y+\beta z)=\overline{\alpha}(x,y)+\overline{\beta}(x,z),\\&=\overline{\alpha}f_y+\overline{\beta}f_z=\overline{\alpha}Ty+\overline{\beta}Tz.\end{aligned}$$

特别地, 当 H 是实空间时, 映射 T 是线性的. 其次, 映射 T 是保持范数不变的, 即 $||y||=||f_y||$. 所以映射 T 定义了一个从 H 到 H^* 的线性或共轭线性的等距同构映射. 今后, 我们将 H 和 H^* 视为同一, 即 $H=H^*$, 此时称 Hilbert 空间是**自共轭的**或**自伴的**.

5.2　Hilbert 空间上的共轭算子

本节 $B(H)$ 指 Hilbert 空间 $H\neq\{\theta\}$ 上有界线性算子构成的全体, 并赋以范数

$$||T||=\sup\{||Tx||:x\in H,||x||\leqslant 1\}.$$

5.2.1 共轭算子的概念与性质

首先给出一个简单但非常有用的结果.

定理 5.2.1 设 $T \in B(H)$, 若对任意的 $x \in H$, $(Tx, x) = 0$, 则 $T = O$.

证 对任意的 $x, y \in H$, 由于 $(T(x+y), x+y) = 0$, 所以

$$(Tx, y) + (Ty, x) = 0. \tag{5.2.1}$$

以 $\mathrm{i}y$ 代替上式中的 y, 有

$$-\mathrm{i}(Tx, y) + \mathrm{i}(Ty, x) = 0. \tag{5.2.2}$$

联立 (5.2.1) 和 (5.2.2) 式, 可得 $(Tx, y) = 0$. 令 $y = Tx$, 则 $||Tx||^2 = 0$. 所以 $Tx = \theta$, 从而 $T = O$.

推论 若 $S \in B(H)$, $T \in B(H)$, 且对任意的 $x \in H$,

$$(Sx, x) = (Tx, x),$$

则 $S = T$.

我们已介绍了赋范线性空间上有界线性算子的共轭算子. 由于 Hilbert 空间是一般赋范线性空间的特例, 所以第 4 章给出的共轭算子的定义对 Hilbert 空间上的有界线性算子无疑也是适用的. 但考虑到 Hilbert 空间的自共轭性, 利用 Riesz 定理, 我们可以从另一角度来定义共轭算子.

设 H 是 Hilbert 空间, $T \in B(H)$. 对于给定的 $y \in H$, 表达式 (Tx, y) 确定了 H 上关于 x 的一个有界线性泛函 $f_y(x)$. 由 Riesz 定理, 存在唯一的 $y^* \in H$, 使得对任意的 $x \in H$, 都有

$$f_y(x) = (x, y^*).$$

显然, 当 y 变化时, 有界线性泛函 f_y 也随之而变, 从而元素 y^* 也随之变化. 于是, 可作映射 $y \mapsto y^*, y \in H$, 记为 T^*. 由此可知

$$(Tx, y) = (x, T^*y), \quad x, y \in H. \tag{5.2.3}$$

可以证明 T^* 是定义在 H 上而值域含于同一空间的有界线性算子. 事实上, 由于在 (5.2.3) 中 x, y 是 H 中的任意元素, 特别地, 取 $x = T^*y$, 于是

$$||T^*y||^2 = (T^*y, T^*y) = (TT^*y, y) \leqslant ||T|| \cdot ||T^*y|| \cdot ||y||.$$

从而

$$||T^*y|| \leqslant ||T|| \cdot ||y||.$$

所以 T^* 是有界线性算子且 $\|T^*\| \leqslant \|T\|$. 另一方面, 容易得到 $\|T\| \leqslant \|T^*\|$. 这样, 我们证明了等式 $\|T\| = \|T^*\|$ 也是成立的.

定义 5.2.1　称上面定义的 T^* 为 T 的**共轭算子**(**或伴随算子**).

必须指出, 满足等式 (5.2.3) 的算子 T^* 是唯一的. 事实上, 若 T_1^* 也是 T 的共轭算子, 则对任意的 $x, y \in H$,

$$(Tx, y) = (x, T^*y) = (x, T_1^*y).$$

这样, 对任意的 $y \in H$, 总有 $T^*y = T_1^*y$. 所以, $T^* = T_1^*$.

回忆高等代数中的相关知识. 若 $A \in \mathbf{C}^{n\times n}$, 则 A 可看作从 $\mathbf{C}^n$ 到 $\mathbf{C}^n$ 的线性算子 (仍记作 A) 时, 其共轭算子就是 $\overline{A}^{\mathrm{T}}$, 即 A 的共轭转置矩阵. 所以, 共轭算子是共轭转置矩阵概念在无限维空间中的推广. 当 $n = 1$ 时, A 就是一个复数, 则 $\overline{A}^{\mathrm{T}}$ 就是共轭复数 $\overline{A}$. 因此, 在一定程度上, 共轭概念的最初原型就是共轭复数的概念. 从运算角度考虑, “$*$” 可以看作从 $B(H)$ 到其自身的一个映射:

$$*: B(H) \to B(H), T \to T^*. \tag{5.2.4}$$

相比 Banach 空间的共轭算子, Hilbert 空间的共轭算子略有不同, 可以说它完全取决于映射 (5.2.4) 的特殊性质, 这些性质将集中体现在下面的定理中.

定理 5.2.2　设 H 是复的 Hilbert 空间, $T, S \in B(H)$, $\alpha \in K$, 则下列陈述是成立的:

(i) $(\alpha T)^* = \overline{\alpha}T^*$(在赋范线性空间中, $(\alpha T)^* = \alpha T^*$);

(ii) $(T + S)^* = T^* + S^*$;

(iii) $(TS)^* = S^*T^*$;

(iv) T^* 的共轭算子 T^{**} 满足 $T^{**} = T$;

(v) T 有有界逆算子的充要条件是 T^* 有有界逆算子, 且当 T 有有界逆算子时, $(T^{-1})^* = (T^*)^{-1}$;

(vi) $\|T\|^2 = \|T^*\|^2 = \|TT^*\|$.

证　(i) 对任意 $x, y \in H$, $\alpha \in K$, 有

$$(x, (\alpha T)^*y) = ((\alpha T)x, y) = \alpha(Tx, y) = \alpha(x, T^*y) = (x, \overline{\alpha}T^*y).$$

所以, $(\alpha T)^* = \overline{\alpha}T^*$.

(ii) 对任意的 $T, S \in B(H)$,

$$\begin{aligned}(x, (T + S)^*y) &= ((T + S)x, y) = (Tx, y) + (Sx, y) \\ &= (x, T^*y) + (x, S^*y) = (x, (T^* + S^*)y).\end{aligned}$$

所以, $(T+S)^*=T^*+S^*$.

(iii) 对任意的 $T,S\in B(H)$,

$$(x,(TS)^*y)=((TS)x,y)=(Sx,T^*y)=(x,S^*T^*y).$$

所以, $(TS)^*=S^*T^*$.

(iv) 从等式 $(x,T^{**}y)=(x,(T^*)^*y)=(T^*x,y)=\overline{(y,T^*x)}=\overline{(Ty,x)}=(x,Ty)$ 不难看出, $T^{**}=T$.

(v) 设 T^{-1} 是 T 的有界逆算子, 记 I 是 H 上的恒等算子. 对 $TT^{-1}=I$ 和 $T^{-1}T=I$, 应用 (iii), 可得

$$(T^{-1})^*T^*=I,\quad T^*(T^{-1})^*=I.$$

因此, T^* 的逆算子就是 $(T^{-1})^*$, 且 $(T^{-1})^*$ 是 H 上的有界线性算子, 所以 $(T^{-1})^*=(T^*)^{-1}$. 反之, 若 T^* 有有界逆算子, 则 $T^{**}=T$ 具有有界逆算子.

(vi) 注意到 $T,T^*\in B(H)$, 于是 $||TT^*||\leqslant||T||\cdot||T^*||$. 由定理 4.5.6 知, $||T||=||T^*||$, 所以 $||TT^*||\leqslant||T||^2$.

另一方面, 由算子范数的定义, 对任意的 $\varepsilon>0$, 取 $x\in H$, $||x||=1$, 使得 $||Tx||>||T||-\varepsilon$. 于是

$$(||T||-\varepsilon)^2<||Tx||^2=(Tx,Tx)=(x,T^*Tx)\leqslant||T^*T||\cdot||x||^2=||T^*T||.$$

由 ε 的任意性可知

$$||TT^*||\geqslant||T||^2.$$

故等式 $||T||^2=||T^*||^2=||TT^*||$ 成立.

例 5.2.1 设 $\mathbf{C}^n$ 是复欧氏空间, 矩阵 $T=(\alpha_{ij})(i,j=1,2,\cdots,n)$ 定义的算子

$$T:x=(\xi_1,\xi_2,\cdots,\xi_n)\to x'=(\xi_1',\xi_2',\cdots,\xi_n'),$$

其中 $\xi_i'=\sum\limits_{j=1}^{n}\alpha_{ij}\xi_j(i=1,2,\cdots,n)$. 求 T 的共轭算子.

对任何 $y=(\eta_1,\eta_2,\cdots,\eta_n)\in\mathbf{C}^n$, 有

$$\begin{aligned}(x,T^*y)=(Tx,\cdots,y)&=\sum_{j=1}^{n}\left(\sum_{i=1}^{n}\alpha_{ij}\xi_i\right)\overline{\eta_j}=\sum_{i,j=1}^{n}\alpha_{ij}\xi_i\overline{\eta_j}\\&=\sum_{j=1}^{n}\xi_j\overline{\left(\sum_{j=i}^{n}\overline{\alpha_{ij}}\eta_j\right)}=\sum_{i=1}^{n}\overline{\sum_{j=1}^{n}\overline{\alpha_{ji}}\eta_j}.\end{aligned}$$

由此可见, 共轭算子 T^* 是由矩阵的共轭转置矩阵 $(\overline{\alpha_{ji}})$ 所确定.

例 5.2.2　设 $k(s,t)$ 是定义在 $a \leqslant s \leqslant b$, $a \leqslant t \leqslant b$ 上的平方可积函数. 由核 $k(s,t)$ 定义了 $L^2[a,b]$ 上的有界线性算子 T:

$$(Tx)(s) = \int_a^b k(s,t)x(t)\mathrm{d}t.$$

求 T 的共轭算子.

任取 $y \in L^2[a,b]$, 有

$$\begin{aligned}(x, T^*y) = (Tx, y) &= \int_a^b \int_a^b k(s,t)x(t)\overline{y(s)}\mathrm{d}t\mathrm{d}s \\ &= \int_a^b x(t)\overline{\left(\int_a^b \overline{k(s,t)}y(s)\mathrm{d}s\right)}\mathrm{d}t \\ &= \int_a^b x(s)\overline{\left(\int_a^b \overline{k(s,t)}y(t)\mathrm{d}t\right)}\mathrm{d}s,\end{aligned}$$

所以 $T^*y(s) = \displaystyle\int_a^b \overline{k(s,t)}y(t)\mathrm{d}t$, 即 T^* 是以 $k^*(s,t) = \overline{k(s,t)}$ 为核的积分算子.

5.2.2　自共轭算子

在实际应用中, 应用比较广泛的共轭算子主要有自共轭算子、正规算子和酉算子.

定义 5.2.2　设 T 是 Hilbert 空间 H 上的连续线性算子. 若 $T = T^*$, 则称 T 是**自共轭算子**或**自伴算子**. 也就是说, 对任意的 $x, y \in H$, 自共轭算子满足等式 $(Tx, y) = (x, Ty)$.

定理 5.2.3　设 H 是复 Hilbert 空间, $T \in B(H)$, 则 T 是自共轭算子当且仅当对任意的 $x \in H$, (Tx, x) 是实数.

证　若 $T = T^*$, 则对任意的 $x \in H$,

$$(Tx, x) = (x, Tx) = \overline{(Tx, x)},$$

所以 (Tx, x) 是实数.

反之, 若对任意的 $x \in H$, (Tx, x) 是实数, 则 $(Tx, x) = (x, Tx)$. 对任意的 $\alpha \in \mathbf{C}$ 及 $x, y \in H$, 有

$$(T(x + \alpha y), x + \alpha y) = (Tx, x) + \alpha(Ty, x) + \overline{\alpha}(Tx, y) + |\alpha|^2(Ty, y) \in \mathbf{R},$$

注意到 (Tx, x) 和 (Ty, y) 都是实数, 于是

$$\alpha(Ty, x) + \overline{\alpha}(Tx, y) = \overline{\alpha}(x, Ty) + \alpha(y, Tx)$$

$$= \overline{\alpha}(T^*x, y) + \alpha(T^*y, x).$$

分别取 $\alpha = 1$ 和 $\alpha =$i, 我们有

$$(Ty, x) + (Tx, y) = (T^*x, y) + (T^*y, x),$$
$$\mathrm{i}(Ty, x) - \mathrm{i}(Tx, y) = -\mathrm{i}(T^*x, y) + \mathrm{i}(T^*y, x).$$

联立这两个式子, 得 $(Ty, x) = (T^*y, x)$, 所以 $T = T^*$.

注 上面结论在实的 Hilbert 空间的情形下是不成立的. 例如, $\mathbf{R}^2$ 上的实数矩阵 $A = \begin{pmatrix} 0 & 1 \\ -1 & 0 \end{pmatrix}$, 对任意的 $x \in \mathbf{R}^2$, $(Ax, x) = 0$. 但 A^* 是矩阵 A 的转置, $A^* \neq A$.

定理 5.2.4 设 T, S 是自共轭算子, 则 TS 是自共轭算子当且仅当 $TS = ST$.

证 若 TS 是自共轭算子, 则 $TS = (TS)^* = S^*T^* = ST = TS$. 反之, 若 $TS = ST$, 则 $(TS)^* = S^*T^* = ST = TS$, 故 TS 是自共轭算子.

定理 5.2.5 设 T 是 Hilbert 空间 H 上的自共轭算子, $R(T)$ 和 $\mathrm{Ker}(T)$ 分别表示 T 的值域与零空间, 则 $\mathrm{Ker}(T) = R(T)^{\perp}$, 其中 $R(T)^{\perp}$ 表示 $R(T)$ 的正交补.

证 设 T 是自共轭算子, 任取 $x \in H$, $y \in \mathrm{Ker}(T)$, 则

$$0 = (x, Ty) = (Tx, y),$$

即 $Tx \perp y$. 当 x 跑遍 H 时, Tx 随着跑遍 $R(T)$, 而 y 是 $\mathrm{Ker}(T)$ 中任一元素, 故 $y \in R(T)^{\perp}$, 从而 $\mathrm{Ker}(T) \subset R(T)^{\perp}$. 反之, 设 $y \in R(T)^{\perp}$, 则对任意 $x \in H$,

$$0 = (Tx, y) = (x, Ty),$$

从而 $Ty = \theta$, 这表明 $y \in \mathrm{Ker}(T)$, 故 $R(T)^{\perp} \subset \mathrm{Ker}(T)$.

定理 5.2.6 设 T 是 Hilbert 空间 H 上的自共轭算子, 则 T 的任一特征值必为实数, 对应于 T 的不同特征值的特征向量是相互正交的.

证 设 λ 是 T 的一特征值, 任取一个对应的特征向量 x, 由等式 $Tx = \lambda x$ 可知

$$(Tx, x) = \lambda(x, x),$$

由于 (Tx, x) 和 (x, x) 都是实数, 故 λ 必为实数.

设 λ_1, λ_2 是算子 T 的两个不同的特征值, x_1, x_2 是对应的特征向量. 由 $Tx_1 = \lambda_1 x_1$, 以及 $Tx_2 = \lambda_2 x_2$, 有

$$(Tx_1, x_2) = \lambda_1(x_1, x_2),$$
$$(Tx_1, x_2) = (x_1, Tx_2) = \lambda_2(x_1, x_2),$$

于是 $\lambda_1(x_1,x_2)=\lambda_2(x_1,x_2)$. 因 $\lambda_1\neq\lambda_2$, 故 $(x_1,x_2)=0$, 这表明 $x_1\perp x_2$.

定理 5.2.7　设 T 是 Hilbert 空间 H 上的自共轭算子, 则

$$||T||=\sup\{|(Tx,x)|:||x||=1\}.$$

证　令 $M=\sup\{|(Tx,x)|:||x||=1\}$. 若 $||x||=1$, 则 $|(Tx,x)|\leqslant||x||$, 从而 $M\leqslant||T||$. 另一方面, 若 $||x||=||y||=1$, 则

$$\begin{aligned}(T(x\pm y),x\pm y)&=(Tx,x)\pm(Tx,y)\pm(Ty,x)+(Ty,y)\\&=(Tx,x)\pm(Tx,y)\pm(y,T^*x)+(Ty,y).\end{aligned}$$

由于 $T=T^*$, 则

$$(T(x\pm y),x\pm y)=(Tx,x)\pm2\mathrm{Re}(Tx,y)+(Ty,y).$$

从而,

$$4\mathrm{Re}(Tx,y)=(T(x+y),x+y)-(T(x-y),x-y).$$

容易验证对任意的 $z\in H$, $|(Tz,z)|\leqslant M||z||^2$. 利用平行四边形法则, 我们有

$$\begin{aligned}4\mathrm{Re}(Tx,y)&\leqslant M(||x+y||^2+||x-y||^2)\\&=2M(||x||^2+||y||^2)\\&=4M.\end{aligned}$$

注意到 x,y 是单位向量, 现假设 $(Tx,y)=\mathrm{e}^{\mathrm{i}\theta}|(Tx,y)|$, 我们以 $\mathrm{e}^{-\mathrm{i}\theta}x$ 替换上面不等式中的 x, 得到

$$|(Tx,y)|\leqslant M,\quad ||x||=||y||=1.$$

让 y 跑遍整个空间 H 并对左端取上确界, 有 $||Tx||\leqslant M$, $||x||=1$. 进而, $||T||\leqslant M$.

推论　设 T 是 Hilbert 空间 H 上的自共轭算子, 且对任意的 $x\in H$, $(Tx,x)=0$, 则 $T=O$.

5.2.3　正规算子

定义 5.2.3　设 H 是 Hilbert 空间, $T\in B(H)$, 若 $TT^*=T^*T$, 则称 T 是**正规算子**.

从定义上看, 自共轭算子一定是正规算子, 但正规算子不一定是自共轭算子.

定理 5.2.8　设 H 是 Hilbert 空间, $T\in B(H)$, 则下列陈述是等价的:

(i) T 是正规的;

(ii) 对任意的 $x\in H$, $||Tx||=||T^*x||$,

若 H 是复的 Hilbert 空间, 则还等价于

(iii) T 的实部和虚部是可交换的.

证 对任意的 $x\in H$, 有

$$||Tx||^2-||T^*x||^2=(Tx,Tx)-(T^*x,T^*x)=((T^*T-TT^*)x,x).$$

由定理 5.2.7 的推论, 立即可知 (i) 和 (ii) 是等价的.

(iii) 若 T_1 和 T_2 分别表示 T 的实部和虚部, 通过直接计算可得

$$T^*T=T_1^2-\mathrm{i}T_2T_1+\mathrm{i}T_1T_2+T_2^2,$$
$$TT^*=T_1^2+\mathrm{i}T_2T_1-\mathrm{i}T_1T_2+T_2^2.$$

因此, $T^*T=TT^*$ 当且仅当 $T_2T_1=T_1T_2$.

可以证明, 正规算子还具有下列性质:

(i) $\mathrm{Ker}(T)=\mathrm{Ker}(T^*)$;

(ii) $R(T)$ 是稠密的当且仅当 T 是一对一的;

(iii) T 是可逆的当且仅当存在 $\delta>0$, 使得对任意的 $x\in H$, 都有

$$||Tx||\geqslant\delta||x||.$$

事实上, 由定理 5.2.8 及定理 5.2.2 的推论, 立即可知 (i) 成立. 又注意到等式

$$R(T)^\perp=\mathrm{Ker}(T^*),$$

所以 (ii) 是成立的. 对于 (iii), 由开映射定理必要性显然成立, 反之若存在 $\delta>0$, 使得对任意的 $x\in H$, 有 $||Tx||\geqslant\delta||x||$, 则 $R(T)$ 是闭的, 从而它是稠密的. 详细证明过程读者可参见 Rudin 编著的*Functional Analysis*(第二版).

5.2.4 酉算子

作为线性代数中酉矩阵的推广, 本节将介绍在算子代数中非常重要一类算子 —— 酉算子.

定义 5.2.4 设 T 是从 Hilbert 空间 H 到 H 上的有界线性算子, 若对任意的 $x,y\in H$,

$$(Tx,Ty)=(x,y),$$

则称 T 是**酉算子**.

我们知道, 欧氏空间中长度和角度都可以用内积表示出来, 所以酉变换 T 既保持长度又保持角度不变, 它是刚体运动在 Hilbert 空间上的推广. 而在一切酉变换之下不变的性质的研究则可看作是欧氏几何学在无穷维空间上的推广. 例如, 上面定义的酉算子 T 将 H 的子空间变成 H 的子空间.

定义 5.2.5 设 H 是 Hilbert 空间, T 是 H 到其自身的线性算子, 若对任意的 $x \in H$, 都有

$$||Tx|| = ||x||,$$

则称 T 是**保范算子**.

定理 5.2.9 设 H 是 Hilbert 空间, 线性算子 $T: H \to H$ 是保范算子当且仅当对任意的 $x, y \in H$, 都有

$$(Tx, Ty) = (x, y).$$

证 充分性是显然的, 只需证明必要性. 由极化恒等式, 对任意的 $x, y \in H$,

$$(x, y) = \frac{1}{4}(||x+y||^2 - ||x-y||^2 + \mathrm{i}||x+\mathrm{i}y||^2 - \mathrm{i}||x-\mathrm{i}y||^2).$$

分别以 Tx, Ty 替换上式的 x, y, 得

$$(Tx, Ty) = \frac{1}{4}(||T(x+y)||^2 - ||T(x-y)||^2 + \mathrm{i}||T(x+\mathrm{i}y)||^2 - \mathrm{i}||T(x-\mathrm{i}y)||^2).$$

由于 T 是保范算子, 上面两个等式的右端是相等的, 所以

$$(Tx, Ty) = (x, y), \quad x, y \in H.$$

推论 保范算子 T 是酉算子当且仅当 $R(T) = H$, 其中 $R(T)$ 表示 T 的值域.

定理 5.2.10 设 H 是 Hilbert 空间, $T \in B(H)$, 则 T 是酉算子当且仅当 $T^* = T^{-1}$.

证 **必要性** 若 T 是酉算子, 则 T 是既是单射又是满射. 由逆算子定理, T 存在有界的逆算子 T^{-1}. 以 T^{-1} 左乘等式 $TT^* = I$ 的两端, 或以 T^{-1} 右乘等式 $T^*T = I$ 的两端, 即得 $T^* = T^{-1}$.

充分性 若 $T^* = T^{-1}$, 则 $T^*T = I$, 从而对任意的 $x, y \in H$,

$$(Tx, Ty) = (T^*Tx, y) = (x, y).$$

又因为 $TT^* = I$, T 是满射. 因此 T 是酉算子.

从定理 5.2.10, 容易看出, 酉算子是一类特殊的正规算子.

推论 $T \in B(H)$ 是酉算子当且仅当 T^* 是酉算子.

证 设 $T \in B(H)$ 是酉算子, 由定理 5.2.10 知, $T^* = T^{-1}$, 从而有 $(T^*)^* = (T^{-1})^* = (T^*)^{-1}$, 所以 T^* 是酉算子. 由于此过程可逆, 所以若 T^* 是酉算子, T 也是酉算子.

例 5.2.3 设 $H = L^2(-\infty, \infty)$, 对任意给定的实数 α, 定义

$$(Tx)(t) = x(t+\alpha), \quad x = x(t) \in L^2(-\infty, \infty).$$

这样定义的算子一般称为**平移算子**. 显然, 若 $x(t) \in L^2(-\infty,\infty)$, 则 $x(t+\alpha) \in L^2(-\infty,\infty)$, 且

$$\|Tx\|^2 = \int_{-\infty}^{\infty} |x(t+\alpha)|^2 \mathrm{d}t = \int_{-\infty}^{\infty} |x(t)|^2 \mathrm{d}t = \|x\|^2.$$

所以 $T: L^2(-\infty,\infty) \to L^2(-\infty,\infty)$ 是保范算子. 又 T 是在上的, 故 T 是酉算子.

例 5.2.4 设 $[a,b]$ 是实数轴上的一个区间, α 是给定的实数, 定义 $L^2[a,b]$ 上的乘法算子为

$$(Tx)(t) = \mathrm{e}^{\mathrm{i}\alpha t} x(t), \quad x \in L^2[a,b].$$

对任意的 $x \in L^2[a,b]$,

$$\|Tx\|^2 = \int_a^b |\mathrm{e}^{\mathrm{i}\alpha t} x(t)|^2 \mathrm{d}t = \int_a^b |x(t)|^2 \mathrm{d}t = \|x\|^2.$$

从而, $T: L^2[a,b] \to L^2[a,b]$ 是保范算子. 又 T 是在上的, 所以 T 是酉算子.

例 5.2.5 设 H 是复可分 Hilbert 空间, $\{e_n\}(n=0,\pm1,\pm2,\cdots)$ 是 H 的完备规范正交系. 若 $T \in B(H)$, 且满足

$$Te_n = e_{n+1}, \quad n = 0, \pm1, \pm2, \cdots,$$

则称 T 为**双侧移位算子**. 对任何 $x = \sum\limits_{n=-\infty}^{+\infty} \xi_n e_n \in H$, 由 T 的连续性可知

$$Tx = \sum_{n=-\infty}^{+\infty} \xi_n T e_n = \sum_{n=-\infty}^{+\infty} \xi_n e_{n+1}.$$

因此 $\|Tx\|^2 = \sum\limits_{n=-\infty}^{n=+\infty} |\xi_n|^2 = \|x\|^2$. 其次, T 的逆算子 T^{-1} 为

$$T^{-1} e_n = e_{n-1}, \quad n = 0, \pm1, \pm2, \cdots,$$

因此 T 是满射, 故 T 是酉算子.

定理 5.2.11 Hilbert 空间 H 上酉算子的全体 Ω 构成一个群.

证 显然单位算子 $I \in \Omega$. 若 $T \in \Omega$, 则 $T^* = T^{-1}$, 从而 $(T^{-1})^* = (T^*)^{-1} = (T^{-1})^{-1}$, 由定理 5.2.10, T^{-1} 是酉算子, 所以 $T^{-1} \in \Omega$. 又对任意的 $T_1, T_2 \in \Omega$, 由于

$$(T_1T_2)^* = T_2^* T_1^* = T_2^{-1} T_1^{-1} = (T_1T_2)^{-1},$$

再由定理 5.2.10, 可知 T_1T_2 是酉算子, $T_1T_2 \in \Omega$. 所以 Ω 是一个群.

对于两个 n 阶方阵 A 和 B, 如果存在一个 n 阶酉矩阵 V, 使得 $A=V^{-1}BV$, 则称 A 和 B 酉等价. 将此概念推广到算子理论中, 我们可以用群 Ω 中的一个元 V 去变换一个算子 T, 成为 $T'=V^{-1}TV$, 然后通过 T 来研究 T'. 这在自伴算子理论中充分地展示出来, 一般称算子 T' 和 T**酉等价**.

定理 5.2.12 设 $T,V\in B(H)$, V 是酉算子, $T'=V^{-1}TV$. 如果 λ 是 T 的特征值, 则 λ 也是 T' 的特征值.

证 设 $x\neq\theta$, 使得 $Tx=\lambda x$. 令 $y=V^{-1}x$, 则

$$T'y=(V^{-1}TV)V^{-1}x=V^{-1}Tx=\lambda V^{-1}x=\lambda y.$$

这表明 λ 也是 T' 的特征值.

定理 5.2.13 设 $T,V\in B(H)$, V 是酉算子, $T'=V^{-1}TV$. 如果 T 是自共轭算子, 则 T' 也是自共轭算子.

证 若 T 是自共轭算子, 则 $T^*=T$. 注意到 $V^*=V^{-1}$, 有

$$(T')^*=(V^{-1}TV)^*=V^*T^*(V^{-1})^*=V^{-1}TV=T'.$$

所以 T' 也是自共轭算子.

5.3 Hilbert 空间上的投影算子

利用 Hilbert 空间中的正交分解定理, 我们可以很自然地引入正交投影算子. 设 M 是 Hilbert 空间 H 的闭子空间, 由投影定理, H 中任一元素 x 都可唯一地分解为 $x=y+z$, 其中 $y\in M, z\in M^{\perp}$.

定义 5.3.1 令 $Px=y$, 则 P 是定义在 H 上而值域是取值于 M 的算子. 称 P 是 M 上的**正交投影算子**, 简称为投影算子; 称 M 是 P 的**投影子空间**.

不难验证, P 是有界线性算子, 且当 $M\neq\{\theta\}$ 时, 范数 $||P||=1$. 同时, 若 P 是 M 上的投影算子, 则 $I-P$ 是正交补空间 $M^{\perp}$ 上的投影算子. $Px=x$ 的充要条件是 $x\in M$, 而 $Px=\theta$ 的充要条件是 $x\perp M$.

事实上, P 显然是线性的, 我们只需证明 P 是有界的. 由于

$$\begin{aligned}||x||^2&=||y+z||^2=(y+z,y+z)\\&=(y,y)+(z,z)\\&=||y||^2+||z||^2,\end{aligned}$$

从而

$$||Px||=||y||\leqslant||x||.$$

于是算子 P 是有界的且 $||P|| \leqslant 1$. 另一方面, 若 $x \in M, x \neq \theta$, 则

$$||x|| = ||Px|| \leqslant ||P||||x||.$$

由此可知, $||P|| \geqslant 1$. 综上, $||P|| = 1$. 若 $M = \{\theta\}$, 则显然有 $||P|| = 0$. 后面两条性质证明略去.

定理 5.3.1 设 P 是 Hilbert 空间 H 上的有界线性算子, 则 P 是投影算子当且仅当 P 是自共轭的幂等算子, 即 $P = P^* = P^2$.

证 设 P 是闭子空间 M 上的投影算子, 则对任意的 $x_1, x_2 \in H$,

$$x_1 = y_1 + z_1, \quad x_2 = y_2 + z_2, \quad y_1, y_2 \in M, \quad z_1, z_2 \in M^{\perp}.$$

由于 $y_1 \perp z_2, y_2 \perp z_1$, 从而有

$$(Px_1, x_2) = (y_1, y_2 + z_2) = (y_1, y_2) = (y_1 + z_1, y_2) = (x_1, Px_2).$$

故 P 是自共轭的. 对任意的 $x \in H$, $Px \in M$, 从而 $P(Px) = Px$, 即 $P = P^2$.

反之, 设 P 是自共轭的幂等算子, 则可作

$$M = \mathrm{Ker}(I - P) = \{x : (I - P)x = \theta\},$$

其中 I 是恒等算子. 由于 $I - P$ 是有界线性算子, 则 M 是 H 中的闭线性子空间. 下证 P 是 H 到 M 上的投影算子. 对 $x \in H$, 从等式 $(I - P)Px = \theta$ 可知, $Px \in M$. 于是可作分解 $x = Px + (x - Px)$. 注意到 $I - P$ 是自共轭的, 故对任意的 $y \in M$, 有

$$((I - P)x, y) = (x, (I - P)y) = 0.$$

所以, $x - Px \perp M$. 这表明 Px 是 x 在 M 上的投影, 即 P 是 H 到 M 上的投影算子.

定理 5.3.2 复 Hilbert 空间 H 上有界线性算子 P 是投影算子的充要条件是对任意的 $x \in H$, 有

$$||Px||^2 = (Px, x).$$

证 **必要性** 设 P 是投影算子, 则 $P = P^* = P^2$, 因此, 对任意的 $x \in H$, 有

$$(Px, x) = (P^2 x, x) = (Px, Px) = ||Px||^2.$$

充分性 由条件, 对任意的 $x \in H$, (Px, x) 是实数. 由定理 5.2.3, P 是自共轭算子. 由条件, $(P^2 x, x) = (Px, x)$. 令 $T = P - P^2$, 则对任意的 $x \in H$, $(Tx, x) = 0$. 于是, 对任意的 $x, y \in H$, 由算子的 "极化恒等式", 有

$$(Tx, y) = \frac{1}{4}\{(T(x + y), x + y) - (T(x - y), x - y)$$

$$+\mathrm{i}(T(x+\mathrm{i}y),x+\mathrm{i}y)-\mathrm{i}(T(x-\mathrm{i}y),x-\mathrm{i}y)\},$$

我们可得 $(Tx,y)=0$. 令 $y=Tx$, 则有 $\|Tx\|=0$, 从而 $T=O$. 这样我们证明了 $P=P^2$. 由定理 5.3.1, 可知 P 是投影算子.

下面讨论投影算子之间的代数运算. 一般情况下, 投影算子的和、差、积并不一定是投影算子. 但在适当的条件下, 可得到令人满意的结果.

定义 5.3.2　设 P_1,P_2 分别是 Hilbert 空间 H 中闭子空间 M_1,M_2 上的投影算子. 若 $P_1P_2=O$, 则称 P_1 与 P_2 是**正交**的, 记 $P_1\perp P_2$.

定理 5.3.3　设 P_1,P_2 分别是 Hilbert 空间 H 中闭子空间 M_1,M_2 上的投影算子, 则下列陈述等价:

(i) P_1+P_2 是投影算子;

(ii) $P_1P_2=O$(或 $P_2P_1=O$);

(iii) $M_1\perp M_2$.

当 P_1+P_2 是投影算子时, 其投影子空间是 $M_1\oplus M_2$, 其中 $M_1\oplus M_2$ 表示 M_1 与 M_2 的直和, 且相互正交.

证　(i)⇒(ii)　设 P_1+P_2 是投影算子, 则 $(P_1+P_2)^2=P_1+P_2$. 由于 $P_1^2=P_1$, $P_2^2=P_2$, 有

$$P_1P_2+P_2P_1=O.$$

上式两端分别先左乘 P_1, 然后右乘 P_1, 可得 $P_1P_2P_1+P_1P_2P_1=O$. 于是 $P_1P_2P_1=O$, 从而 $P_1P_2=O$, 且 $P_2P_1=P_2^*P_1^*=(P_1P_2)^*=O$.

(ii)⇒(iii)　任取 $x_1\in M_1$, $x_2\in M_2$, 则

$$(x_1,x_2)=(P_1x_1,P_2x_2)=(x_1,P_1P_2x_2)=0,$$

从而 $M_1\perp M_2$.

(iii)⇒(i)　令 $M=M_1\oplus M_2$, 则 M 为 H 的闭子空间. 记 P 是 M 上的投影算子. 任取 $x\in H$, 由正交分解定理, 存在 $y\in M, z\in M^{\perp}$, 使得 $x=y+z$. 又因为 M 是 Hilbert 空间, 故可对 y 作正交分解,

$$y=y_1+y_2,$$

其中 $y_1\in M_1$, $y_2\in M_2$. 又因 $y_2+z\in M_1^{\perp}, y_1\in M_1$, 故 y_1 是 x 在 M_1 上的投影. 同理 y_2 是 x 在 M_2 上的投影. 因此 $P_1x=y_1$, $P_2x=y_2$. 于是

$$Px=(P_1+P_2)x=P_1x+P_2x=y,$$

即 $P=P_1+P_2$, P_1+P_2 是 $M_1\oplus M_2$ 上的投影算子.

注 由于 $P_1P_2 = O$ 等价于 $M_1 \perp M_2$, 所以当 $M_1 \perp M_2$ 时, 我们便可称 P_1 和 P_2**正交**.

定理 5.3.4 设 P_1, P_2 分别是 Hilbert 空间 H 中闭子空间 M_1, M_2 上的投影算子, 则 P_1 和 P_2 的积 P_1P_2 是投影算子的充要条件是 $P_1P_2 = P_2P_1$, 并且当 P_1P_2 是投影算子时, 其投影子空间是 $M_1 \cap M_2$.

证 **必要性** 设 P_1P_2 是投影算子, 则

$$P_2P_1 = P_2^*P_1^* = (P_1P_2)^* = P_1P_2.$$

充分性 设 $P_1P_2 = P_2P_1$, 则

$$(P_1P_2)^* = P_2^*P_1^* = P_2P_1 = P_1P_2$$

且

$$(P_1P_2)^2 = (P_1P_2)(P_1P_2) = P_1^2P_2^2 = P_1P_2,$$

这表明 P_1P_2 是幂等的自共轭算子, 由定理 5.3.1, P_1P_2 是投影算子.

设 P_1P_2 是投影算子, M 是 P_1P_2 的投影子空间, 下证 $M = M_1 \cap M_2$. 任取 $x \in M$, 则 $x = P_1P_2x = P_1(P_2x) \in M_1$, 从而 $M \subset M_1$. 同理, 有 $M \subset M_2$. 于是 $M \subset M_1 \cap M_2$. 反之, 设 $x \in M_1 \cap M_2$, 则 $P_1P_2x = P_1x = x$, 这表明 $x \in M$. 于是 $M_1 \cap M_2 \subset M$.

定义 5.3.3 设 T, S 是 Hilbert 空间 H 上的自共轭算子. 若对任意的 $x \in H$,

$$(Tx, x) \geqslant (Sx, x),$$

则称 T**大于等于**S(或 S**小于等于**T), 记为 $T \geqslant S$ 或 $S \leqslant T$.

引理 5.3.1 设 P_1, P_2 分别是 Hilbert 空间 H 中闭子空间 M_1, M_2 上的投影算子, 则下列陈述是等价的:

(i) $P_1 \geqslant P_2$;

(ii) $M_1 \supset M_2$;

(iii) $P_1P_2 = P_2$;

(iv) $P_2P_1 = P_2$.

证明 (i)⇒(ii) 设 $P_1 \geqslant P_2$, 则对任意的 $x \in H$, $(P_1x, x) \geqslant (P_2x, x)$, 从而

$$||P_1x|| \geqslant ||P_2x||.$$

当 $x \in M_2$ 时, 由于

$$||P_1x||^2 \geqslant ||P_2x||^2 = ||x||^2 = ||x - P_1x||^2 + ||P_1x||^2,$$

我们可得 $||x - P_1x|| = 0$, 即 $x = P_1x$, 这表明 $x \in M_1$. 所以 $M_1 \supset M_2$.

(ii)⇒(iii)　设 $M_1 \supset M_2$, 则对任意的 $x \in H$, $P_2x \in M_2 \subset M_1$, 从而

$$P_1(P_2x) = P_2x.$$

因此, $P_1P_2 = P_2$.

(iii)⇒(iv)　设 $P_1P_2 = P_2$, 这表明 P_1P_2 是投影算子. 由定理 5.3.4 可知

$$P_2P_1 = P_1P_2 = P_2.$$

(iv)⇒(i)　设 $P_2P_1 = P_2$, 则对任意的 $x \in H$, 有

$$\begin{aligned}(P_2x, x) &= (P_2x, P_2x) = ||P_2x||^2 = ||P_2P_1x||^2 \\ &\leqslant ||P_2||^2||P_1x||^2 \leqslant ||P_1x||^2 \\ &= (P_1x, x).\end{aligned}$$

由定义立即可知, $P_1 \geqslant P_2$.

定理 5.3.5　设 P_1, P_2 分别是 Hilbert 空间 H 中闭子空间 M_1, M_2 上的投影算子, 则 P_1 和 P_2 的差 $P_1 - P_2$ 是投影算子的充要条件是 $M_1 \supset M_2$. 当 $P_1 - P_2$ 是投影算子时, $P_1 - P_2$ 的投影子空间是 M_2 在 M_1 中的正交补空间.

证　设 $P_1 - P_2$ 是投影算子, 由于 $P_1 - P_2$ 和 P_2 之和 P_1 是投影算子, 则由定理 5.3.3, 有 $(P_1 - P_2)P_2 = O$, 即 $P_1P_2 = P_2$. 再由引理 5.3.1, 有 $M_1 \supset M_2$. 反之, 若 $M_1 \supset M_2$, 则有 $P_1P_2 = P_2P_1 = P_2$, 从而

$$(P_1 - P_2)^2 = P_1^2 - P_1P_2 - P_2P_1 + P_2^2 = P_1 - P_2.$$

这表明 $P_1 - P_2$ 是幂等的. 又因为 $P_1 - P_2$ 是自共轭的, 所以由定理 5.3.1 知, $P_1 - P_2$ 是投影算子. 最后, 当 $P_1 - P_2$ 是投影算子时, 我们显然可以看出它的投影子空间是 M_1 中与 M_2 正交的元素的全体.

5.4　正算子及其平方根

正算子是一类特殊的自共轭算子, 在谱分解理论中占有很重要的地位.

定义 5.4.1　设 T 是 Hilbert 空间 H 上的自共轭算子, 若对任意的 $x \in H$,

$$(Tx, x) \geqslant 0,$$

则称 T 是**正算子**, 记 $T \geqslant O$; 若 T_1, T_2 均为自共轭算子, 满足 $T_1 - T_2 \geqslant O$, 则称 T_1**大于**T_2 或称 T_2**小于**T_1, 并分别记为 $T_1 \geqslant T_2$ 或 $T_2 \leqslant T_1$.

例 5.4.1 若 $T \in B(H)$, 且 $||T|| \leqslant 1$. 若 T 是自共轭算子, 则 $I-T$ 是正算子.

事实上, 对任意的 $x \in H$,

$$\begin{aligned}((I-T)x,x) &= ||x||^2 - (Tx,x) \\ &\geqslant ||x||^2 - ||Tx|| \cdot ||x|| \\ &\geqslant ||x||^2 - ||x||^2||T|| \\ &\geqslant ||x||^2 - ||x||^2 = 0.\end{aligned}$$

例 5.4.2 若 $T \in B(H)$, 则 $T^*T \geqslant O$.

事实上, 对任意的 $x \in H$, $(T^*Tx,x) = (Tx,Tx) \geqslant 0$ 恒成立, 所以 T^*T 是正算子.

下面我们给出一个定理, 它涵盖了正算子常用的基本性质.

定理 5.4.1 设 H 是 Hilbert 空间, 则下列陈述是成立的:

(i) $T_1 - T_2 \geqslant O$ 的充要条件是对任意的 $x \in H$, 都有

$$(T_1x,x) \geqslant (T_2x,x);$$

(ii) 设 $T_1 \geqslant T_2$, $S_1 \geqslant S_2$, λ 为非负实数, 则

$$\begin{aligned}T_1 + S_1 &\geqslant T_2 + S_2, \\ \lambda T_1 &\geqslant \lambda T_2;\end{aligned}$$

(iii) 对任何投影算子, 都有 $O \leqslant P \leqslant I$;

(iv) 若 T 是正算子, n 是正整数, 则 T^n 也是正算子, 从而非负系数的算子多项式

$$P(T) = \alpha_nT^n + \alpha_{n-1}T^{n-1} + \cdots + \alpha_1T + \alpha_0I, \quad \alpha_i \geqslant 0, \quad i=1,2,\cdots,n$$

也是正的;

(v) 设 $T \geqslant O$, 则对任何 $x, y \in H$, T 满足广义 Schwarz 不等式

$$|(Tx,y)|^2 \leqslant (Tx,x)(Ty,y).$$

特别地, 当 $T=I$ 时, 这是 Schwarz 不等式.

证 由定义, (i) 和 (ii) 显然成立.

(iii) 对任意的 $x \in H$, 有

$$\begin{aligned}0 \leqslant (Px,x) &= (P^2x,x) = (Px,Px) \\ &= ||Px||^2 \leqslant ||P||^2||x||^2 = ||x||^2\end{aligned}$$

$$= (x, x) = (Ix, x).$$

(iv) 分情况讨论. 若 n 是偶数, $n = 2k$, 则

$$(T^n x, x) = (T^{2k} x, x) = (T^k x, T^k x) \geqslant 0.$$

若 n 是奇数, $n = 2k+1$, 由正算子的定义知

$$(T^n x, x) = (T^{2k+1} x, x) = (T(T^k x), T^k x) \geqslant 0.$$

所以, 对任何正整数 n, T^n 总是正算子. 再由 (ii), 可得非负系数算子多项式 $P(T)$ 是正的.

(v) 令 $z = x + \lambda(Tx, y)y$, 其中 $\lambda \in \mathbf{R}$, 则

$$\begin{aligned} 0 \leqslant (Tz, z) &= (T(x + \lambda(Tx, y)y), x + \lambda(Tx, y)y) \\ &= (Tx, x) + 2\lambda|(Tx, y)|^2 + \lambda^2|(Tx, y)|^2(Ty, y). \end{aligned}$$

注意到右端是关于 λ 的二次三项式, 故由二次三项式非负性的判别式得

$$|(Tx, y)|^4 \leqslant |(Tx, y)|^2 (Tx, x)(Ty, y).$$

从而

$$|(Tx, y)|^2 \leqslant (Tx, x)(Ty, y).$$

定理 5.4.2 设 $\{T_n\}$ 是一致有界的单调的自共轭算子列, 则存在唯一的自共轭算子 T, 使得 $\{T_n\}$ 强收敛于 T.

证 不妨设 $\{T_n\}$ 是单调增加的, 即 $T_n \leqslant T_{n+1}$. 任取自然数 n, m, 且 $n > m$, 令 $T_{mn} = T_n - T_m$, 则 $T_{mn} \geqslant O$. 由于 $\{T_n\}$ 是一致有界, 故 $\{T_{mn}\}$ 也一致有界, 即存在 $M > 0$, 使得 $||T_{mn}|| \leqslant M$. 由 Schwarz 不等式, 对任意的 $x \in H$,

$$0 \leqslant (T_{mn} x, x) \leqslant ||T_{mn}|| ||x||^2 \leqslant M ||x||^2.$$

再由广义 Schwarz 不等式, 对任意的 $x \in H$,

$$||T_{mn} x||^2 = |(T_{mn} x, T_{mn} x)|^2 \leqslant (T_{mn} x, x)(T_{mn}^2 x, T_{mn} x).$$

从而

$$||T_{mn} x||^2 \leqslant M(T_{mn} x, x).$$

由于 $\{T_n\}$ 是一致有界的单调增加算子列, $\{(T_n x, x)\}$ 形成了 $\mathbf{R}$ 中单调增加的有界数列, 故必有极限. 于是当 $m, n \to \infty$ 时, $(T_{mn} x, x) \to 0$, 进而

$$||(T_n - T_m)x|| = ||T_{mn} x|| \to 0, \quad m, n \to \infty.$$

由于 $B(X)$ 中的算子列在强收敛意义下是完备的, 故存在唯一的有界线性算子 T, 使得 $\{T_n\}$ 强收敛于 T.

最后, 我们将证明 T 是自共轭的. 由于 $\{T_n\}$ 是自共轭的, 即对任意的 $x \in H$, 有

$$(T_n x, x) = (x, T_n x).$$

对上式两端同时取极限, 并由内积的连续性, 可得

$$(Tx, x) = (x, Tx).$$

这说明 T 是自共轭的.

定义 5.4.2 设 T 是 Hilbert 空间 H 上的正算子, 若存在自共轭算子 S, 使得 $S^2 = T$, 则称 S 是 T 的一个平方根. 若 $S \geqslant O$, 则称 S 是 T 的**正平方根**, 记 $S = \sqrt{T}$.

定理 5.4.3 设 T 是 Hilbert 空间 H 上的正算子, 则一定存在唯一的正平方根 $S = \sqrt{T}$. 若 T 是可逆的, 则 S 也是.

证明从略, 具体过程可参考 Rudin 编著的*Functional Analysis*(第二版).

习 题 5

1. 证明 $\mathbf{R}^3$ 上任一线性泛函可由点积表示: $f(x) = x \cdot z = \xi_1\zeta_1 + \xi_2\zeta_2 + \xi_3\zeta_3$.

2. 设 f 是 Hilbert 空间 H 的子空间 E 上的有界线性泛函, 则 f 在 H 上存在唯一的延拓 F, 满足 $||F|| = ||f||_E$.

3. 设 T 是复 Hilbert 空间 H 上的有界线性算子, 证明 $T = -T^*$ 的充要条件是对一切 $x \in H$, $\mathrm{Re}(Tx, x) = 0$.

4. 设 H 是 Hilbert 空间, 若任意的 $f \in H$, 数列 $\{(f, g_n)\}$ 均为基本序列, 则称点列 $\{g_n\}$ 为 H 中的弱基本点列. 若 H 中任一弱基本点列都有属于 H 的弱收敛的极限, 就称空间是序列弱完备的. 证明每一个 Hilbert 空间均为序列完备的.

5. 若 H 是 Hilbert 空间, $S, T \in B(X)$ 是自共轭算子, $\alpha, \beta \in \mathbf{R}$, 证明 $\alpha S + \beta T$ 是自共轭算子.

6. 设 H 是 Hilbert 空间, $T \in B(X)$, 若 T 是自共轭算子, $n \in \mathbf{N}$, 证明 T^n 是自共轭算子.

7. 设 H 是 Hilbert 空间, 若 $T \in B(X)$ 是正规算子, $n \in \mathbf{N}$, 则 $||T^n|| = ||T||^n$.

8. 设 P 是 Hilbert 空间 H 的投影算子, 证明 $I - P$ 也是 H 的投影算子.

9. 设 $\{e_1, e_2, \cdots, e_n, \cdots\}$ 是 Hilbert 空间 H 中的规范正交系, 证明 H 到 $\mathrm{span}\{e_n\}(n = 1, 2, \cdots)$ 的投影算子 P 有 $Px = \sum\limits_{i=1}^{\infty} (x, e_i)e_i$, $x \in H$.

10. 设 T 是可分 Hilbert 空间 H 上的有界线性算子, $\{e_n\}$ 是 H 的完备标准正交系. 若对任意的 m,n, 有

$$(Te_n, e_m) = \overline{(Te_m, e_n)},$$

则 T 是自共轭算子.

11. T 为正规算子的充分必要条件是 T 可表为 $T = T_1 + \mathrm{i}T_2$, 其中 T_1, T_2 为可交换的自共轭算子.

12. 设 T 是定义在复 Hilbert 空间 H 上的有界线性算子, 如果存在 $\alpha_0 > 0$, 使得

$$(Tx, x) \geqslant \alpha_0(x, x),$$

则称 T 为正定的. 证明凡正定算子必有有界逆算子 T^{-1} 且 $\|T^{-1}\| \leqslant \dfrac{1}{\alpha_0}$.

13. 设 P 是 Hilbert 空间 H 的闭子空间 L 上的投影算子, 则 $Px = x$ 的充分必要条件是 $x \in L$; $Px = \theta$ 的充分必要条件是 $x \perp L$.

14. 设 H 是 Hilbert 空间, $T, V \in B(H)$, V 是酉算子, 令 $T' = V^{-1}TV$. 试证

$$\|T'\| = \|T\|.$$

15. 设 T 是 Hilbert 空间 H 上的有界线性算子, 若存在 H 的一个稠密的线性子空间 H_0, 使得对任意的 $x \in H_0$, 总有

$$\|Tx\| = \|x\|$$

且 T 的值域在 X 中稠密. 证明 T 是一个酉算子.

16. 设 H 是 Hilbert 空间, $V \in B(H)$ 是酉算子, 令 $T' = V^{-1}TV$. 试证:

(i) 若 $T \in B(H)$ 是正交投影, 则 T' 也是正交投影;

(ii) 若 $T \in B(H)$ 是正规算子, 则 T' 也是正规算子;

(iii) 若 $T \in B(H)$ 是正算子, 则 T' 也是正算子.

17. 酉算子与自共轭算子, 正规算子有什么关系?

18. 证明: T 为正规算子的充要条件是 $T = VR$, 其中酉算子 V 和自共轭算子 R 使条件 $VR = RV$ 及 $(Rx, x) \geqslant 0$ 对一切 $x \in H$ 都成立.

19. 设 H 是 Hilbert 空间, $A, B, T \in B(H)$, A, B 是酉算子, 且 A, B, T 三者互相可换, 则 $S = AT + BT^*$ 是正规算子.

20. 设 H 是 Hilbert 空间, $T \in B(H)$, 则 $N(I + T^*T) = \{\theta\}$.

21. 设 H 是 Hilbert 空间, $T \in B(H)$. 若对任意的 $x \in H$, 有

$$|(Tx, x)| \geqslant a\|x\|^2, \quad a > 0,$$

则 T 可逆.

22. 设 H 是 Hilbert 空间, 线性算子 $T : H \to H$ 满足 $(Tx, y) = (x, Ty)$, 则 $T \in B(H)$ 是自伴算子.

23. 设 H 是 Hilbert 空间, $O \leqslant T \in B(H)$, 则

$$|(Tx, y)|^2 \leqslant (Tx, x)(Ty, y), \quad x, y \in H.$$

参 考 书 目

[1] 郑维行, 王声望. 实变函数与泛函分析概要 (第一册). 4 版. 北京：高等教育出版社, 2010.

[2] 王声望, 郑维行. 实变函数与泛函分析概要 (第二册). 4 版. 北京：高等教育出版社, 2010.

[3] 夏道行, 等. 实变函数与泛函分析 (上、下册). 2 版. 北京：高等教育出版社, 2010.

[4] 黎永锦. 泛函分析讲义. 北京：科学出版社, 2011.

[5] 胡适耕. 泛函分析. 北京：高等教育出版社, 2001.

[6] 刘培德. 泛函分析基础. 北京：科学出版社, 2005.

[7] 江泽坚, 孙善利. 泛函分析. 2 版. 北京：高等教育出版社, 2005.

[8] 刘炳初. 泛函分析. 3 版. 北京：科学出版社, 2015.

[9] 孙永生, 王昆扬. 泛函分析讲义. 2 版. 北京：北京师范大学出版社, 2007.

[10] 张晓岚. 实变函数与泛函分析简明教程. 北京：高等教育出版社, 2000.

[11] 姚泽清, 等. 应用泛函分析. 北京：科学出版社, 2007.

[12] 程其襄, 等. 实变函数与泛函分析基础. 3 版. 北京：高等教育出版社, 2010.

[13] 李国祯. 实分析与泛函分析引论. 北京：科学出版社, 2004.

[14] Conway J B. A Course in Functional Analysis. 2nd ed. New York: Springer-Verlag, 2011.

[15] Rudin W. 泛函分析 (英文版). 2 版. 北京: 机械工业出版社, 2004.

[16] 宋国柱. 实变函数与泛函分析习题精解. 北京: 科学出版社, 2004.

[17] 林源渠. 泛函分析学习指南. 北京: 北京大学出版社, 2009.

[18] Taylor A E. Introduction to Functional Analysis. 2nd ed. New York: John Wiley and Sons, 1980.